# 别在一无所有的年纪
## 只谈梦想

欣所何之◎著

台海出版社

图书在版编目（CIP）数据

别在一无所有的年纪 只谈梦想／欣所向之著.

—北京：台海出版社，2019.11

ISBN 978 - 7 - 5168 - 2423 - 8

Ⅰ.①别… Ⅱ.①欣… Ⅲ.①成功心理 - 通俗读物

Ⅳ.①B848.4 - 49

中国版本图书馆 CIP 数据核字（2019）第 209217 号

## 别在一无所有的年纪 只谈梦想

| | | |
|---|---|---|
| 著　　者：欣所向之 | | |
| 责任编辑：童媛媛 | | 装帧设计：米　乐 |
| 版式设计：米　乐 | | 责任印制：蔡　旭 |

出版发行：台海出版社

地　　址：北京市东城区景山东街 20 号　邮政编码：100009

电　　话：010 - 64041652（发行，邮购）

传　　真：010 - 84045799（总编室）

网　　址：www. taimeng. org. cn/thcbs/default. htm

E - mail：thcbs@ 126. com

经　　销：全国各地新华书店

印　　刷：三河市人民印务有限公司

本书如有破损、缺页、装订错误,请与本社联系调换

开　　本：880mm × 1230mm　　1/32

字　　数：180 千字　　　　　印　　张：8.5

版　　次：2019 年 11 月第 1 版　印　　次：2019 年 11 月第 1 次印刷

书　　号：ISBN 978 - 7 - 5168 - 2423 - 8

定　　价：42.00 元

## 目 录
Contents

目录 Contents

第二章

**你认真做自己的样子，会发光**

## 目录
Contents

第三章

### 生活的路，努力的人越走越宽

Contents
目录

第四章

## 谁还没有心事，只是学会了克制

## 目录
Contents

第五章

### 愿最好的你被最好的人爱

# 第一章

## 人生如逆旅，我亦是行人

## 所谓焦虑，不过是做得太少又想得太多

*01*

即将面临毕业，一个朋友拉我聊聊，交流下找工作的方向和进展。

"不知道为什么，想到马上要找工作，总感觉很焦虑啊。"朋友开门见山，直接说明自己对工作的恐惧和担忧。

虽然我也确实听出了他语气里的着急和忧心，但我并没有当回事。因为印象中的他能力很强，在同龄学生里面绝不算平庸，不至于为找工作烦心。

我问他："那你后面有什么打算吗？准备找哪个行业呢？"

"我想先在学校把毕业论文写完初稿，然后秋招的时候再找工作。我一直想做培训老师，而且我比较擅长的也是说话这块儿。你觉得这样安排可以吗？"

"可以啊，很可以啊，这不是很好嘛，你的目标都很明

确，根本用不着焦虑啊。"我就知道，以朋友的实力，一定有自己的节奏，绝不会人云亦云，也不会毫无方向。

"唉，就是最近我对象说回家见父母，我不太想去，觉得自己要房没房，工作也没定下来，这一想，就想得晚上睡不着觉了。"

原来，真正的症结，并不是工作面临压力，而是感情即将面临世俗了。单纯的爱情面对物质的现实，到了要谈婚论嫁的时候，说不焦虑是假的，可是焦虑又能多大程度上解决问题呢？

对于一件事情，如果我们底气不够又不得不迎头面对时，巨大的担心和恐惧之下，产生焦虑其实很正常，也很好理解。

可是，焦虑不会一直存在，倘若面对目标，日拱一卒，日进一步，焦虑慢慢就沉淀成细节里的经验了。

*02*

其实，"焦虑"在今天早已不是新鲜词，焦虑本身也不是什么稀奇的情绪了。80 后被辞职面临中年危机，00 后写公众号月入 10 万元，至于 90 后只能靠"丧"和"佛系"来安慰自己了。似乎周围的人、信息、变化，都在向我们发射焦的信号。可焦虑一旦突破临界点，就会严重影响生活和心情，甚至是身体健康。

大三那年，我找实习工作被拒绝的经历至今印象深刻。那种满怀期待与现实落差扑面而来的碰撞感，在我心里轰隆了好久。只是这一次的面试失败，几乎让我一瞬间清醒过来。意识到象牙塔的保护和自己的差劲，更让我第一次开始认真而深入地思考未来。

可是我还没想清楚未来时，已经整天整夜都不能静下心来。白天怕来不及，晚上失眠着急，那段时间后，我瘦下来10多斤。

那是我第一次尝试到焦虑的滋味。那是害怕、担心、恐惧与无法面对的混合物。

有过一次被找工作洗礼的体验后，我再也不想这样被动和束手无策了，所以决定考研。幸运的是，我很快在每天的复习中，按部就班找到了节奏。

后来的一切都很顺利了，笔试、面试、发论文，以至于今天找实习工作都没有当初那种被逼上梁山的感觉了。不是因为我学历更高了，而是我更知道安排自己的时间和资源，提早做好该做的每一步。

依然会担心将来的很多很多，但是比起一味焦虑的悬空感，每天做点事的踏实感实在太好了。

不为了做乖学生，也不是为了励志，只是为了对自己有交代。

## 03

现在，我已经很少会焦虑了，因为逐渐明白自己的路只能自己走，每个人都有自己的生活节奏。脚踏实地做事，不随波逐流，能够让自己安心，就不愧于自己。

记得，之前有人说压力就是动力。比起需要靠外界激励才能完成目标，或许我已经找到了自己内心驱动的乐趣所在了。

一直觉得，我们做事，一定是为了获得什么。获得金钱、获得经验、获得放松、获得自由，甚至于获得以后不工作的资本。而这些获得，就是我们内心的真正需要。如果一个人连自己内心真正渴望的东西，都不能付出努力和坚持，都不能找到内心的原动力与捍卫精神，那么更不会听了别人几句话就找到动力了。

所以，来源于自身的动力最持久，因为自身原因造成的焦虑也最磨人。总之，焦虑一定不是长时间存在的，而是在生活面临选择和变化的时候才会突然而来的不适应感。

年轻的热血与理想主义喷薄而出，未来在每个有所期待的人面前展现出一幅宏大的场景，让他们觉得一切都有可能。然而，随着学业、工作以及人际关系上的选择日益逼近，所有这些在截止日期之前必须作出的抉择，又让未来在现实面前被击得粉碎。

有的人甚至没有自己撞过南墙，看到别人处处碰壁的窘迫，也被吓得退缩了半截。一次次内心的纠结之间，时间越来越紧，焦虑越来越大，最后焦虑吞噬了自己，逐渐变成习得性无助。

*04*

　　适当焦虑的人说明还有追求，过分焦虑的人就会被欲望裹挟，失去方向。

　　如果说野心太大，能力不足，是所有焦虑者的硬伤；那么想得太多，做得太少则是这类人的通病。稍微梳理下思路就能想得清楚：事情做够了，时间就不会浪费，时间没有浪费，就一定不是一事无成。

　　努力了，付出了，尽力了，结果一定不会太差。

　　曾经有一位 18 岁的男孩给杨绛先生写信，长篇大论自己的苦恼与抱怨。杨绛先生一句劝勉就击中关键：你的问题在于读书不多，而想得太多。

　　情绪是精神世界的反映，焦虑无非如此，做得不多，想得太多，才会在理想与现实的夹缝中挣扎，最终失去内心的平衡。

　　愿我们，吃饭能吃饱，夜里能睡好觉，多做点踏实事，少点胡思乱想。

## 二十几岁的年纪，一无所有不是罪

*01*

坐在窗明几净的写字楼里，结束了一天的工作，我平静写下这篇文章。

去年也是这个时候，我第一次穿着职业装，抬头挺胸像个白领出入高档写字楼。那时刚毕业，表情里、心里都写着第一次工作的自得。今天，同样是在工作，却少了过去的新鲜劲，多了几分踏实感。

大学那几年，因为太过普通，所以不敢浪费时间在宿舍里，便去做各种各样的事情。武汉的高校几乎走了一圈，出门基本不用地图，在校门口摆过地摊，兼职发传单，做家教，兼职销售，还当着班委，考着教师资格证、驾照、数据库工程师，拿着奖学金。

当然最后也没有做出什么名堂来，没有一件拿得出手的本领，庞杂不堪，也浪费了很多时间。有点遗憾，但不后悔，那些尝试，给我最大的收获就是，让我切身感受到生活不易，才会更加知道靠自己。

上大学之后，暑假就没回过家了。三个夏天，分别在深圳、上海、武汉做着不一样的暑假工，一个夏天考研，在学校租了间房，早出晚归。今年又是暑假，经导师介绍，在一家大数据公司实习，少了过去入职的战战兢兢，多了一些向前辈们学习的心思和工作的从容。

这一切，我知道还是很普通，还很渺小，但是跟过去的自己相比，我觉得更幸福了，也更有期待了。

## 02

想想曾经为了一份兼职或是暑假工的机会，自己用尽全力最后还是被黑中介骗的经历，后来就不再相信中介，顶着大太阳，独自去找实习。害怕碰壁，害怕拖着工资不发，害怕晚上回来不安全，害怕很多。但没有退路，我还是去尝试了。

慢慢地，我能找到的工作机会越来越多，心理的承受能力也越来越大。

大三快结束时，大家纷纷开始找工作、考研。我也着急，拿着中医学院的信息工程专业的简历，面试的时候，人家不是问你，会 java，会 C＋＋吗，而是颇有兴趣地问，医学院还有信息工程专业啊。

经历了一次失败的面试经历，看着同学拿着 2000 块的实习工资，我心里很难受，也深感无能为力。那个时候，在三星工作的表哥给我打电话，他用一口流利的英语把我镇住了，我几乎听不懂一个完整的句子。

表哥毫不留情地告诉我，以我的英语水平，根本没到能用的程度，只值三四千的工资。我是班上最早考过六级的人之一，但在这个电话里，我的自尊碎成渣。

我开始默默下定决心，我不想要毕业后，拿着三四千块钱的工资，然后找个人嫁了，草草了事，明明我才二十几岁。

## 03

然后我花了一个月时间选定学校，买资料，联系学长学姐，开始考研。在当时，坦白来讲，考研一部分因为逃避找工作，更多一部分因为不服气。

除了身边的同学，我谁也没说，吭哧吭哧坐在自习室，静下心看书。6 月到 12 月，我待在三环外的学校里，过着苦行僧的生活。毫不夸张，那 7 个月里，我只出过两次学校，一次是帮堂姐去人才中心拿材料，一次是考研现场确认。

看书，刷题，背书，滚动复习。早六点半，晚九点半，宿舍，食堂，自习室。早餐之前背一篇作文，晚上 3 小时，在昏暗的走廊里背一章专业课。来来回回，夏天，冬天，晴天，雨天，热天，冷天。

就这样到了 12 月 25 日，平静地走进了考场。考完后我在宿舍睡了一天一夜，管它结果好坏，我终于把这段路走过来了，那些想放弃的瞬间也挺过来了。

年初八，我在家刷着慢如蜗牛的网。同学告诉我，他已经帮我查了分数，406。我不敢相信，傻乎乎自己又把四科加一遍，嗯，没算错。

因为初试分数不错，复试进行得很顺利，没有波澜，也没有意外。

## 04

考研之后，需要自己做的事情好像一下子多起来了，老师让我去做交流会，亲戚的孩子咨询我考研的问题。

我一一解答他们的困惑，同时心里又有了一点点变化，原来有些事情，只要自己去努力，还是能做到的。那些走关系、凭运气都是说给不相信努力的人听的。

九月读研之后，身边的老师、同学、学习环境、谈论的问题、大家的生活状态，都产生了很大的变化，更重要的是，自己做事的态度变了。

我不再把自己固定为某一类型的人，或者某个阶层的人，我开始敢想一些以前不敢想的事情，也开始做一些以前迷茫的时候，没坚持下来的事情。慢慢地，发现生活好像有了一些变化，志同道合的朋友越来越多，老师交代的事情我也可以完成得不错，生活的节奏越来越好。

如果要说读研让我的生活有什么变化，大概就是我做一些事情的成本更低了，获取资源更方便了。

很简单，比如以前为了吃某个口碑菜品，出门坐车来回耽误的就是半天，甚至一天。而现在，出校门就是最热闹的中心。

本科可能出国留学、交换生这些机会很难，挤破头也不一定可以，现在只要符合要求，这样的机会很多。

以前的优质讲座和工作机会寥寥，而现在辅导员、身边同学、导师以及学校能够带来的工作机会更多了，自己的选择也更多，不用像过去那样乱碰乱撞。

以前，同学不是忙着兼职就是在宿舍看剧玩游戏，现在身边的人更多的是在学习和早出晚归。近朱者赤，大概就是这样。

## 05

尽管有这么多改善，可是直到今天，我依然什么都没有，普世价值的颜值、金钱、地位，我一点都没沾边。目前的生活，一点都不值得炫耀，但是我可以问心无愧地说，是自己一步一步做到的。

一直觉得，自己成长得很慢，总在重要节点上掉链子，这个没人教，就不会，那个非要吃过亏，才懂，一步掉，步步掉，总之很慢。

那年初中，我的两个好朋友，一个男生，如今在日本留学，一个女生，读的专科，现在已经嫁人。而我读着研，没有特别好，也没有特别差。

我不是那个男生，不知道他经历怎样的辛苦或是怎样的幸运才拿到出国资格，我也不是那个女生，不知道她经历怎样的阴差阳错，后来才早早嫁人。

别人的生活，我难以窥探，而我能做的，就是为自己小小的生活，认真一点，坚持一点，走得更远一点。

现在的我还会走弯路，甚至走错路，但庆幸的是，于自己来说，亲力亲为地做每件事的好处就是，越来越勇敢了，行动上，心理上都如此。

## 06

现在依然有很多局限，演讲、说话、情商、看人的眼光，都不曾掌握，浅的要命。很想快点掌握，少爬点坑，不求叱咤江湖，但求行走江湖不再被误解被骗。可是任何能力都不是一蹴而就的，我能做的就是摸索、磕碰、爬起来、反思学习、继续往前走。

生活、感情、成长皆是如此，犯错，改错，对了，通关下一站。就是一个不断升级打怪的过程，而终点在哪里，取决于自己。越往后走，就越知道，做自己有多难，做自己又有多重要。

有的坑，该爬还得爬，有的亏，该吃还得吃，迷茫的日子里，年轻的我根本躲闪不及。人这一生，唯一不会停止的就是成长。而以自己亲身经历换来的成长，痛，并深刻着。

　　我依然是个小人物，丢在人群里找不到。我不求改变世界，能做的就是埋头苦干，只求在自己的生活里走一步，再走一步。

　　路那么长，不怕走得慢，只要慢慢走，不忘初心，方得始终。

## 向前走，坚持的路上并不会拥挤

*01*

晚上去图书馆借书时，看到了一个女生在楼道里背书，从听到声音，到她的身影渐渐模糊，她都反复背着一句话。

学校的图书馆地势较高，外围全玻璃构造，树林映在楼道中的阴影，安静地衬着她的形单影只，冷清中显得格外默契。十月份，这个时候不是期末考，不是资格考试，应该就是考研了。

想来，也只有考研人，此时正在辛苦煎熬。很多大学都没有固定的自习室，更不用说可以背书的地方。当年的这个时候，我也是如那个女生一样在背书，楼道、走廊、天台、草坪上都有过自己的身影。

夏天，坐在人少的台阶上背单词；秋冬，坐在洒满阳光的草坪上背政治；清早，在天台上伴着第一缕晨光背作文；

夜晚，在走廊昏暗的光线下背专业课。

这样背书的经历，从 6 月维持到 12 月。随着考研时间越来越近，天气也越来越冷，双手拿着书在冷风中吹着，冻得注意力都难以集中。拿着水杯暖手，不到十分钟就凉透，武汉的冬天冷得让人想骂娘。背书时间长了，嗓子也会干哑，变得像鸭公一样。

可是，这又怎么样呢，今天说起来好像挺辛苦的，倘若当时不这样做，现在更不知是怎样一番光景。种什么因，得什么果。时间花在哪里，收获就在哪里。考研路上的着急忐忑，不足为外人道也。等你考上了，发现不过如此。

整个考研期间，激励我的只有资料上的一句话：未来的你，一定会感谢现在拼命努力的自己。


## 02

有人问，考研难不难？我会说，难。

从选学校，搜集资料，扎实复习，参加考试，整个过程无人指导，也没有人提醒你，更没有人要求你。难。

做决定时，身边会有许多不支持甚至泼冷水的人，无形中打击自己的自信心，进而怀疑自己。难。

复习途中，跨考基础差，或者知识点太难消化不了，没人和你考一样的专业，讨论不了，也求助不了。解决不了问题，也理解不了你的心情。难。

还有各种不确定因素，生病、政策变化、心情忐忑无人宽慰、自暴自弃怀疑自己。难。

但是，如果有人问考研简不简单？我又会说，简单。

选准学校，一心一意，你已经比很多人专注坚定，认真的人终究会赢。简单。

英语真题刷五遍，政治知识点串三遍，专业课过五遍，时间花到了，结果就来了。简单。

每年考研人数接近200万人，暑假这个分水岭上，保持节奏，稳步复习，你已经甩开一半人。9月报名，你还坚定如初，也甩开一拨人；11月份二三轮复习，很多人开始看不到希望自暴自弃，熬过这个节点，又甩开一拨人；什么也不想，走进考场，你不经意再甩开一部分人；四场考试考完，只要你不是在试卷上画圈圈，这场考研持久战，于你，宣告结束。而那个结果，在你心中。

高考是千军万马挤独木桥，考研是独自一人跑马拉松。只要你一步步走下来，就不难。除了高考和别人比拼，成长路上，更多的事情是你跟自己较劲。

结果是给外人看的，或好或坏，满足他人嘲笑或者吹捧的谈资。但过程，是要留给自己慢慢成长的。不可否认的是，考研这个过程给我的收获，比"考上"这个结果大得多，经历了过程，才有了今后的力量。

考研路上，我有过三次想放弃的念头。

炎热的暑假里，同学都在晒旅游照和冰西瓜，我在外校租房，每天去图书馆。武汉的夏天，热得要人命，出门一趟，衣衫汗湿。高温的假期里，连外卖都不给力，每天吃饭都是问题，所以吃了一箱方便面。那是我第一次想放弃。

10月底，开始专业课二轮复习，三本专业书，第一次背的记的知识点全部喂了狗，竟然什么都不记得，我怀疑自己长了个假脑子。那种挫败感，让人烦躁，认为自己很差劲，肯定考不上。那是第二次想放弃。

12月下旬，就要上战场了，有一次在看一个专业课题目时，觉得很熟悉，可就是想不起来该怎么分析，怎么结合。都要考试了，在这种简单问题上，还不能对答如流，当时我觉得自己没救了。那是第三次想放弃。

后来，我干脆无知无畏，死马当活马医，反正交了报名费，书都翻破了，也耗了半年时间，考就考，谁怕谁。考研的两天，曾以为是其余事情靠边站，四场考试大过天的两天，后来，不过是那一年里最普通的两天。

考完了，我在宿舍睡了一天一夜。那种把一件不确定的事情，坚持到底的感觉真爽，就算没考上，坚持完这个过程，我就可以给你讲出100个细节。


*03*

之前，有小伙伴斗志昂扬向我了解考研问题，有坚定，也有隐隐的担心。从心底里，真的敬佩并欣赏每个正在努力的人，很想说，只要你在认真做事，不管结果，你就对得起自己。

考研 7 个月，虽比不上怀胎 10 月的辛苦，但个中的滋味，偶尔的摇摆，不经意的委屈，突然的挫败感，只有自己知道。考研这件事情，没有多大，但让我切身明白了 4 个道理。

第一，下决心要做一件事情，尽管去做，但不要到处说。

除了爸妈和身边同学，决定考研，我没有告诉任何人。但是过年回家，亲戚们还是问到了。

叔叔用一副过来人的口气数落我："你说你这个孩子，好好的医生不学，学什么计算机，现在又不找工作，考什么研，女孩子读个大学就够了！"

我忍着怒气和委屈，回答说："我试试呗，没考上我就去找工作。"考研路上，亲戚还有其他人的质疑和冷水，常常无形增大心理压力，除了逼自己，我没办法让他们闭嘴。

幸运的是，复试顺利通过。清明节回家祭祖，叔叔马上换了一副口气，温和地说："你小侄子啊，爸妈没什么能力，你考上研，以后有出息了，多照顾照顾他。"我不知道该说什么，但是很反感这些话。四五岁的小孩子，以后还有很长的路要走，他未必需要靠父母，而我也担不起这份期待。

考研前后两种不同的态度，让我深深感到坚持做自己的事情有多重要。倘若稍微因为别人一点质疑或者是不相信，我要做的事情可能就止于他人口舌。

这件事让我明白第一个道理：结果可公之于众，过程隐于无形。打算做一件事情之前，不要公之于众，等你做到了，自然有人为你侧目。

这个道理，不是我看到的，不是别人告诉我的，是自己经历后明白的。那些口号喊得响的，往往雷声大雨点小。学霸从来不是那群喊着我要当学霸的人。真的决定做了，就只管去做，用不着大张旗鼓，做到了用结果说话。

第二，最重要的决定和转折，往往是自己一个人做的，没有人能帮你。

在那些最纠结、最关键、最忐忑的节点上，没有人可以帮你选择，你要做的不是逃避，而是一个人做决定，并承担一切后果。生活喜欢考验人，往往当你不屈服于外界的时候，你想要的也会悄然来临。

第三，对于普通人来说，坚持比技巧重要。

我考研开始的不算早，持续的时间也不算长，但直到考研前一天，依然按部就班，坐在自习室梳理知识点。有同学从大二开始准备考研，遗憾的是，到了冲刺时刻已经疲惫不堪，自信受损，最后根本连名都没报。

有的同学回趟家，来学校就很难进入状态，顺便在宿舍调整几天，半个月就过去了。考研辛苦，有人犒劳自己，一拨人约个火锅，再唱个 KTV，一天过去了。还有的人压力很大，发个牢骚，刷个微博，睡个懒觉，放松一下，半天没了。

美其名曰，学习也要讲究技巧。最重要的是劳逸结合，但是思想上的上进不能掩饰行动上的懒惰。到最后，考上研的不是那些有技巧的人，而是那几个最默默无闻、坚持到底的人。也许他一次奖学金没拿过，也许你连他考哪个学校都不知道，但是他做到了。

所谓的坚持其实就是多做事，少说话。与其投机取巧，追求所谓的技巧，不如从一点一滴、一分一厘做起。滴水穿石、绳锯木断，这种大道理，我们没少听。

第四，最重要的是行动，行动才会带来可能性。

明朝心学家王阳明，年轻时想实践一下怎么格物致知，于是三天三夜静坐在书院里"格"（观察）竹子，想悟出竹子的道理。

他废寝忘食，目不转睛地看着、想着，一直坐得支撑不住，病倒了，也始终没有体会出竹子的道理来。后来因为政事他被贬到山区龙场，一切事情都身体力行，有一天，终于悟出了"知行合一"的道理，开创了阳明心学。

这世上，没有什么事情是空想出来的，不去做，不去坚持，就永远不可能成功。

你渴望得到某个结果，但只有去做了这件事，才有想的资格。对于还没做到的事情，人容易把它想得过分的难，做到之后，发现也就那么回事。

所以不管是行动在前，思考在后，还是顺序反过来，都无所谓，但一定要让行动落地，简而言之，行动胜于语言。


## 04

每天都有功成名就的人，也有很多名落孙山的人，更有许多在路上踽踽独行的人。

这世上，永远不会有感同身受，你的着急忐忑无人说，你的担心烦躁无人懂。但你不必气馁，只要勇敢一点，再勇敢一点就好。

我只希望你了解，每个人都是这么过来的，当你达到心中目的地的那一天，你会发现，有的人比你更辛苦更艰难，他不是也做到了吗！你会诧异，更会敬佩。

所以，别跟混日子的人比，显得自己假努力；也不用跟工作狂比，白白消耗自己的热情，你最好有自己的节奏。

你行动的诚意到了，上天反馈给你的结果也不会差。如果你只是想想而已，那凭什么幸运儿是你？

一开始的路总要自己走的，那条名为"坚持"的道路上并不拥挤，你好好走就是了。

将欲取之，必先予之。

## 毕业一年，你过得怎么样

*01*

和闺蜜聊天，她向我吐槽，刚发的工资，除去缴税、房租水电、交通伙食基本开销之后，里打外敲，还是穷得响叮当，感叹生活实在艰难。

我安慰她，虽然所剩不多，至少比刚毕业那会儿好，日子一天天好起来，这就是生活对我们的奖励，不是吗？

想起刚上大学，脱离了高中的繁重学习压力，我们生龙活虎，参加社团，进学生会，考证书，忙得不亦乐乎，想着日后能有一番作为，活出自己。终于到了毕业那年，我们跃跃欲试，以为海阔凭鱼跃，天高任鸟飞。现在呢，牛刀小试的你，初尝生活的滋味，过得好吗？

除了闺蜜，身边还有很多活生生的例子。

女生 A，毕业一年，分手与丢工作同时来袭，整个人失去了生活重心。她喜欢旅游，想去云南散散心，发现银行卡里根本没有闲钱，只好埋头继续挣钱。

男生 B，在一家外企面试时，因为人家嫌弃他不是研究生学历，也不是名校毕业，眼睁睁看着自己的简历被拎出来放在垃圾堆，什么也不能说，什么也做不了。

女生 C，学设计专业的，工作对口，但常常熬夜，深深感到工作比学校辛苦很多很多。用心做完的方案依然被 pass，没有人认可，她说，除了牢骚两句，接下来还是会乖乖修改。

女生 D，毕业后选择读研，刚进校时花一天做了一个汇报 PPT 给老师，老师丢来两个字，垃圾。自己委屈得直掉眼泪，还不敢跟别人说原因。

女生 E，准备了很长时间考公务员，晚上常常复习到很晚，但最后名落孙山。她无奈地摇摇头，结果总是与自己的预想有很大的落差。

男生 F，互联网程序员，毕业后跳槽两次，从二线城市走到一线，工资翻了两倍，依然在下班回来的夜里，看专业书，学习架构。

女生 G，去年她在一线城市的公立初中当代课老师，食宿学校全包，还有节假日福利，工资妥妥的，日子很滋润。但因为户口问题和对象问题迟迟没有着落，最后回到家乡，考了编制。

毕业一年，我们像是被扔到大海的小鱼儿，一浪一浪扑过来，有人急流而退，有人百舸争流。

*02*

一开始想的是，毕业后，要潇洒，要自由，要逆袭，要诗和远方，后来才发现，残留的不过是落荒而逃的梦想、欲盖弥彰的苟且和铺面而来的现实。

本以为，能给亲爱的妈妈买她想要的东西，后来发现一百多块钱的东西，他们还是不舍得让你付。

本以为，外面的世界很精彩，后来发现过了新鲜劲儿，厌倦了飘无所依，却依然不想回家。

本以为，创业工作，只要努力就能闯出一番天地，后来才发现身边创业成功的人，用一只手就可以数得过来。

本以为，名企高薪，就会走上人生巅峰，从此无忧无虑，却发现山外青山人外人，生活的修炼永无止境。

本以为很多，后来才笑自己，那些你以为真的是你以为吗？

年轻幼稚的心，接触到粗糙真实的生活，被打击得一无是处，最后抱头鼠窜。社会这个大筛子开始甄别好坏，一些人相信我命由天，哭哭啼啼；更有人相信人定胜天，孜孜不倦。

初入社会，挫折拦路虎都是常事，一开始也会害怕，迟迟不敢迈出去第一步。可是，壮壮怂人胆，挺挺厚脸皮，竟然发现也能攀得了山，过得了坎。其实，你以为自己脆弱得不堪一击，实际上，你的承受能力远超自己的想象。

A 女生终于从失恋和失业的阴霾中走出来，整理整理自己，依然用力生活，依然满怀希望。

B 男生后来考上研究生，他说，希望再去外企面试的时候，让曾经看不起我的人，正眼看我。

C 女生的设计方案终于通过的那一天，她坦言希望自己一直努力，有一天可以成为一个独当一面的设计师。

D 女生默默告诉自己，毕业之前，抓紧发上 2 篇 SCI（科学引文索引），自己实力更强，才能赢得别人尊重。与其怪别人不好好说话，不如用实力为自己说话。

E 女生没有继续考公务员，但是踏踏实实工作，勤勤恳恳，如今已经做到了主管的位置，是金子终究会发光。

F 男生，不满足于现状，在大公司虚心向前辈学习，等待着下个风口。

G 女生在家乡看着单纯的小脸，培育着祖国的花朵，还能提早陪伴孝敬父母，收获了另一番的现世安稳。

看吧，办法永远比困难多。凡是不能消灭我们的，终将使我们更强大。


## 03

毕业这一年，从校园到职场，从学生到职场新人，从迷茫到面对，从幼稚到承担，从一个环境到另一个环境，从一个角色到另一个角色，怎么会好过？

读研之后，我看到更优秀的人，看到更新鲜的事，也渴望获得更多的机会，迎接更多的挑战。所以，从武汉到上海到深圳，我不断尝试，只为了用这一年的奔波找一份真正身心愉悦的工作。

秋季招聘临近，前段时间我奋力给深圳某大型国企投递简历，大企业人才济济，我投简历也就是抱着"没通过也不会少块肉"的心态。机缘巧合的是，因为有同学在那家公司，通过引荐，我很顺利地就收到了公司的到岗通知。收到反馈，买火车票，收拾行李，入住酒店，不过 24 小时，我就从武汉风尘仆仆赶到了深圳。

当我拖着行李箱，站在气势恢宏的办公大楼前，心里闪过的不是扬眉吐气，而是这一年的不容易。熬夜做面试题，尝试了几份工作，一边上课一边实习，早出晚归的疲惫感，好在，都过来了，也都值了。

如果你问我："这么不安分，一定是有很大的野心吧?"

反而我会回答："我没有什么野心，我只是不想在毕业这一年掉队，我最大的野心就是，穿上硕士服拍毕业照的那一刻，我能从容而淡定。"

因为，毕业这一年不好过，是为了毕业后能好过。

其实，像我一样在毕业这年奔波于各个城市的人很多。内心的不甘和安于现状此起彼伏，造就了很多人的选择与放弃。

朋友小怡毕业那年，先后辗转襄阳、武汉、宁波、北京、上海 5 个城市。

我以为她还在武汉的时候，她已经去了宁波；我路过宁波的时候想找她一起吃饭，她已经去了北京。最后，这一年的尝试与探索，她选择了上海，然后一待就到现在。

记得我当初知道小怡来武汉，还是偶然的机会听别的朋友提起的。事后，我问她为什么不联系自己。小怡说，那时看到别人都稳定了，自己还在到处跑，一方面是不好意思找我，另一方面是怕打扰到我。

小怡的话很中肯，刚毕业那会儿，忙着熟悉新的工作环境，建立新的人际关系，还有锻炼工作能力，真的没有太多闲情逸致来叙旧。况且，对于普通人来说，刚出社会的压力和挫败感萦绕在心头，心累的情绪真的无从对人提起。索性，只能让自己把一切都消化了，生活和自己都逐渐变好，再以得体的状态出现在朋友面前。

成年人的世界，都要学会维护形象。毕业这一年的经历，只是出社会后的第一课。


## 04

记得之前有人自嘲："毕业就失业。"完全失业就太夸张了，大部分人都介于：我看上的工作它看不上我，它看上我的工作我看不上它。最后就只能挑挑拣拣，落得个高不成低不就的坏毛病。

其实，年轻就是最大的资本，这个时候的试错成本是最低的，你可以去尝试，去探索，去挑战，只要你还有追求，还不甘心，那么就没到束手就擒、一退再退的地步。

路，只有向前走，才会越走越远。过早选择退而求其次，放弃挣扎，只会让自己的路越走越窄。所以，毕业这一年的辛苦与努力，疲惫与崩溃，与找到自己的人生方向比起来，真的值得，也真的有意义。

我们带着期许前行，一边像抹布一样被生活拧来拧去，一边又像抹布一样把生活里的鸡毛擦来擦去。

想起那句话，生活虐我千百遍，我待生活如初恋。尽管，生活有时压抑，你似乎变得越来越不像自己。可你知道，逼着你往前走的，一边是前方梦想的微弱光芒，一边是身后现实的深渊万丈。

还会玻璃心，还要矫情，还敢撒泼打滚要说法吗？不了，你学会了闭嘴，学会了低头，学会了做事。

我很喜欢深圳，其中一个缘由就是，那里深夜 12 点的夜市，依然有着一个个拼搏的身影。前些天，我晕倒住院，朋友调侃我是老弱病残里的"弱病"，让我好好养着，可是，我知道，除了养身体，自己没有一个停下来的理由。

所以，谁不是一边矫情地要死要活，一边又像个战士一样努力奋斗呢。承认吧，生活就是这样，时而花团锦簇，时而雪上加霜，如果没投好胎，你最好做个打不死的小强。

每个人在成就自己之前，都会撑过一段灰头土脸的日子，所以别着急，也别自暴自弃。

## 至少有一次，请全力以赴

*01*

　　武汉的冬天，越来越冷了，除了上课，我几乎整天都待在办公室。现在，只要有了笔记本和手机，基本不受时间的影响，随时可以开始工作，也可以开始放松。我享受这样可以自由安排学习生活的无拘束，也真的庆幸自己当初能奋力一试。

　　想起来，几年前的这个时候，我还在武汉三环开外的一个学校，穿着厚厚的羽绒服，裹得像只熊一样，在寒冷的楼道里踱步背着专业课和政治。

　　原来，那段孤独又灿烂的时光，已经过去两年了；那段一个人竭尽全力，不计后果的日子，真的已经只存在记忆中了。一年又一年的12月，一次又一次重要的考试，一个又一个关键的人生选择，总在我们心无旁骛一路前行时，终将画上圆满的句号。

孤独，让人全神贯注；恐惧，让人全力以赴。现在回想起来，政治的问答术语、专业课的知识点、英语里的5000单词，早就记不清了，但是当初摸着石头过河感受却是清清楚楚的。

## 02

与很多事情相比，考研并不算是多大的成就。但是考研这个过程，让人收获的绝对不仅仅是通过一场考试、学历提升这么简单。它带来的更多的是，你生活圈子的变化，无限的可能性，还有对自己能力的自信，以及面对未知更多的底气。

这种自信源于你相信自己能够做到，拥有进一步完善和改变自己的能力，同时也能了解自己的局限，改变可以改变的，接受不能改变的。

这样的事情不仅是考研，还可能是你追求一个魂牵梦萦的人，准备一场超高规格的应聘，或者是你抓住机遇改变命运。

人只要有一次挑战自己成功的经历后，收获的内心力量远比薪水增加、工作晋升、学历提高这些外部因素重要得多。因为，那些从前你想也不敢想的事情，真实地被自己做到了，你相信自己还可以做更多更大的事情，你不再给自己设限，敢想也敢干。

从不被承认的畏畏缩缩，到领奖台上的自信坦然，别人不了解细节，但你一定清楚自己是如何做到的。

这个时候，会开心会幸福，更重要的是，一步步把自己曾认为难如上青天的事情以良好的结果反馈出来，这种成就感，这种仿若重生的体验，是绝无仅有的。

于是，那些躺在床上刷的微博，没日没夜看的综艺，言情小说里的霸道总裁都黯然失色，你找到了更有乐趣的事情。

和同学为一篇论文反复修改讨论，在公司为了一个项目熬夜通宵，为自己不好意思说的梦想争气一回。你会发现，持续向上的力量带来的充实和回报，比虚度时光的焦虑情绪有意义得多。

努力和上进从来不苦，苦的是你没有找到努力的意义。

## 03

我想，如果人这一生，都没有为某件事情不计较结果地努力一次，其实是对自己的亏待。过早地安于天命，认为自己能力不行、出身不行、长相不行、学历不行、双商不行，才会导致现状。这样的情况有两种可能：

如果你拍着胸脯说，我是竭尽全力后的知足常乐，那么，应该被尊重。如果，你连尝试都不曾尝试，那么，你没有资格抱怨外在因素。

事实上，很多人不是做不到，而是在心底里默认，我不配。想想，看到年轻女孩漫步在欧洲街头，觉得那是富二代才能做的事情；看到同学收到 BAT 的 offer，觉得那是 985 才有的特权；甚至于别人找到真爱，都觉得那是有钱有颜的人的事情。

其实，这些事情本没有分三六九等，但有些人却是一次次地将自己预设为某一等。一再的心理暗示，就会形成思维的定式，无形中影响着自己的判断和选择。到最后，找不到原因，只好说，我不想要。其实不是不想要，而是不敢要。

有人说，有时候也想学习，但待在二三流学校学习氛围不好；也想努力工作，但工作无聊至极，前景一片黯淡；也想邂逅一场浪漫的爱情，可周围尽是奇葩渣男。

环境不好，这是现状，可也正因如此，但凡自己比别人尽力一些，结果自然就更清楚一些。反过来想，如果学校名气大、工作平台成熟，你又何时才能拿到一次奖学金，何时才有一次晋升机会呢？

既然还没有挑挑拣拣的资格，不如静下心来，利用身边一切可利用的资源，给自己充电补给，野蛮生长，这才是努力的正确姿势。


## 04

高三那年的晚自习上，我的生物老师曾说过一句让我不忘于心的话："你们不要觉得现在很苦，这么多人一起奋斗，不幸福吗？"

过了那年的高三，再也没有一起努力的身影。生活很多时候，都得独自承担和面对，但是你不用觉得孤独，此时此刻，单打独斗的人不是只有你一个。

尽管全力以赴，奋力前行，当你翻山越岭、跋山涉水走过一程又一程时，你会发现，鲜花与掌声、朋友与观众都会有的。只有不断向上，才是生命的主题。

真正付出的人，心里一直有底。到那时，待到山花烂漫时，你在丛中笑。

## 学历只是敲门砖，能力才是铁饭碗

### 01

前几天一个朋友找我聊天，问些考研的事情。絮絮叨叨说着，以前同学里谁谁谁其貌不扬，竟然月薪过万，自己大学毕业，工作一年也没能升职加薪，感觉前途渺茫。话里话外透露着对自己学历的失望和无奈。因此想着考个研究生，镀个金，以后工资也能高一点。

可事实是，现在大学生毕业人数年年创新高，年年皆是最难毕业季。大学生一抓一大把，研究生何尝不是呢。其实，若是抱着镀金的心态读研混个三年，毕业的时候，区别不过是，从一个本科咸鱼变成一个研究生咸鱼。何况现在读研，别说镀金，连镀银也算不上。

以前看《非你莫属》的时候发现，对于有能力的年轻求职者，老板特别愿意砸钱抢人。而对于开口就某某名校毕业，月薪不低于多少的人，老板更容易一旁观望，小庙容不下大佛。

其实换个角度想想，不难理解，一个员工的价值取决于他为公司带来多少利润，而不是他捧着怎样的学历，有着怎样惊人的出身。

薪资和职位之差，并不是表面的学历之差，而是背后的能力大小。

你看到的只是他的学历和出身，而老板看到的是他学历背后处理事务的效率和出身背后能带来的资源。

02

大学的时候，有一个特别厉害的学姐，人美、学习好、能力强。

大三，她作为院团委副书记，发表演讲，PPT上是她的各种参赛获奖照片。大四，她披荆斩棘，成功进入百度总部实习，从此学霸加女神的地位在院里不可撼动。要知道，在一个普通中医院校学着非主流的医学信息工程专业，她 PK 掉一众 985 毕业生，打入百度，简直就是学弟学妹们的励志偶像啊。

我们都以为，留在百度工作，对于一名大学生来说，已经是很好的结果了。但实习期过后，学姐放弃了转正机会，选择了出国留学。

交流会上，她坦言，实习时身边都是 985、211 院校的学生，感觉自己 low 爆了，尽管大学时自我感觉还不错，可出去一看，才知道自己多渺小，最后还是决定去深造，加强自身能力。

有人感叹她长得美，运气好，殊不知她很多个夜晚在宿舍敲代码到一两点，她参加大小挑战杯的时候，许多人连参赛的想法都没有。

很多人都说，人与人之间的差距是毕业之后拉开的。

其实我反而觉得，差距不是在毕业那天拉开的，而是从一进学校就开始逐渐拉开，只是毕业的时候才毫不留情地显现出来。

你在睡懒觉的时候，别人在学英语；你在刷热播剧的时候，别人在图书馆看书；你在吃喝玩乐的时候，别人在减肥锻炼；你在恋爱里要死要活的时候，别人忙着让自己闪闪发光。

当你还在埋怨学历不好的时候，别人的筹码早已变成了能力。

03

黄执中在《奇葩说》里讲，人是一种特别会找理由让自己心安理得的动物。

工作不顺，怪学历低，学历有了，怪不够聪明，聪明有了又说情商不够，情商有了，运气又不好，运气有了，还可以说对手太强劲。总之只要想找，没有找不到的借口。就像小孩子，走路摔倒，怪路不平坦，磕到桌角，怪桌子讨厌。

你埋怨这埋怨那的样子，真像个没长大的小孩子！

肯定没有人告诉你，社会是个江湖，刀光剑影，少儿不宜！事实上，行走江湖，我们缺的从来不是智商、情商、运气，而是踏踏实实做事的能力。

曾经看到一段话：可以承认我们中的大多数人不是精英，是普通人，不会做超人动作，只能做普通事情，只有做大概率事件才会使我们越来越接近成功，反之，做小概率事件会逐渐把我们推向失败的深渊。

什么是大概率事件：坚持、认真、反复、细节、态度。

什么是小概率事件：坐享其成、不劳而获、一夜暴富、走狗屎运。

而我们大多数人容易一叶障目，背道而驰，看不见这些大概率事件，过分追逐小概率事件。


## 04

曾经有段时间，读书无用论被大肆鼓吹。其实只要静下来想想，读书无用，这根本就是个伪命题。

这句话的产生时间在古代，那个时候的读书，是唯一让人增长见识的途径。而现在所谓的读书，不仅仅是读书籍，更是受教育，是持续学习，是提升学习的能力。

古人说，一日不读书，便觉面目可憎，放在今天，一日不学习，不进则退。不读书的人永远不懂读书学习的快乐与力量。读书不能让人一步登天，但至少让你拥有学习的能力，这个时代变化飞速，不会学习的人才是最可悲的人。

这个社会，正在偷偷奖励新时代的读书人、学习人。自媒体的井喷式发展就是最好的例证。功不唐捐，你真正努力过的、学习过的，从来不是无用功。只有那些从来不低头看路的人，才会说学这个没有用，学那个没有用。

其实不是学了没有用，是你根本就没有学到让它起作用的地步。所以，把眼光从外在的学历和出身上移开吧，与其临渊羡鱼，不如退而结网，提高自身能力。

这些年为何那么多人上班之后选择回到学校，除了一纸文凭，更重要的是因为能力有限，有必要回炉再造。

回炉再造的同时，我们更该认清，学历只是能力的漂亮外衣，能力才是学历的货真价实，千万不能本末倒置。

学历也许可以决定你走到哪里去，但能力可以决定你走得有多远。这个时代，学历只是敲门砖，能力才是不过时的铁饭碗。

真刀实枪起来，学历不等于能力。你的学历，只是给你的能力镶上了金边，而你的能力，则可以决定别人是否挑剔你的学历。

总之，打铁还需自身硬，提升自己才是正解。

## 你知道什么才是真正的有趣吗

*01*

上大学时，认识一个"有趣"的女生。她几乎每周都有饭局，和校外同学一起玩滑板，参加户外音乐节，追星，和看起来超酷的男生谈恋爱，总能把生活过得活色生香，日子过得肆意潇洒。

大多数时候的自己，并没有这样找乐子的能力，我很羡慕那种可以自娱自乐的人，向她取经，怎么样可以把生活过得丰富充盈？

她告诉我，你得做个有趣的人，自己有趣了，生活才有趣丰富。在我没看王小波之前，这是第一个跟我谈有趣的人。

我恍然大悟，原来一切都因为自己不够有趣。后来，大学期间，我做了很多尝试，找兼职，打桌球，学古筝，骑行武汉，还有游山玩水。

尽管如此，我也没能变成一个像她一样朋友成群、活脱潇洒的人。所有的尝试里，最终留下来的不过是旅行和读书两样。

　　后来知道那个女生，期末考试挂科，四级考了四次也没过，直到毕业工作还没有着落。

　　突然间，好像缺了点什么，她好像不那么有趣了。那时，我不明白，是我错把有趣和会玩混淆，才会在她没有做好本职事情后，对她的"有趣"产生怀疑。

　　原来，有趣不是人前的没心没肺，更是人后的踏实积淀。

## 02

　　上中学时，我在语文课本里读到"我挥一挥衣袖，不带走一片云彩"时，对徐志摩的才情佩服不已。自那时起，在我心里，徐志摩是个浪漫有情趣的人。

　　后来，当我知道他流连于林徽因和陆小曼之间，追求所谓的自由、有趣的灵魂，嫌弃张幼仪为土包子、小脚女人，对发妻冷漠无情得比陌生人更可怕时，我不再认为他浪漫有趣了。

　　作为一场包办婚姻里的丈夫，不爱围城里的女人是一回事，但肆意伤害又是另外一回事。他可以不爱，但不能不承担责任，可以不举案齐眉，但至少相敬如宾。在追求名媛淑女的同时，我看到的是一个没有担当和责任的丈夫。

　　看看他眼里的土包子是怎么做的。张幼仪嫁给他之后，恪守妇道，照顾二老，忍无可忍离婚后，在德国受教育并独自养育孩子，出任上海女子商业银行副总裁，在股票市场出手不凡，徐志摩飞机失事后，陆小曼哭得死去活来，也是张幼仪认领遗体，处理后事。

在复杂的婚姻和琐碎的生活里，她或许不够有趣，却诚恳务实；她或许不够灵动，却足以信赖；她或许不够美丽，却值得托付。

梁实秋曾评价她："她沉默地、坚强地过她的岁月，她尽了她的责任，对丈夫的责任、对夫家的责任、对儿子的责任——凡是尽了责任的人，都值得尊重。"

她不有趣，但她担起了岁月沉甸甸的担子，有情有义。她又很有趣，离婚后活成了一部励志剧，漂亮转身。

## 03

这几年，我见过太多人说，有趣的灵魂万里挑一，好看的皮囊千篇一律。可前段时间，是不是被一篇叫《好看的皮囊你高攀不起，有趣的灵魂看不上你》的文章打脸了。什么时候，有趣成了判断一个人的最高标准？

王小波说出这句话的时候，你只看到他对待生命的玩世不恭，没看到他写出"你好哇，李银河"的才华横溢。

你只看到他描写性的大胆直白，没看到他爱一个人的全情投入。只看到他语言文字里的幽默风趣，却没看到他辗转于农村、城市、国内、国外学习深造的严谨认真。

你只看到他说着一些貌似不正经的鬼话连篇，却不知道他除了是著名作家还是资深的程序员。

真正的有趣，远不是看上去的风花雪月，更多的是看不见的踏踏实实。

我想，有趣是基于对自己、对生活的高度负责，然后才延伸出来的更高级的追求。

## 04

见过很多人把玩乐享受当有趣，把"再不疯狂我们就老了"当有趣，把挥霍放纵当有趣，把盲目跟风当有趣。

到最后，我们"有趣"了二十多年也没成为一个有趣的人。而那些踏实认真的人最终在工作上或者在自我成长上，在爱情里，在家庭里，成了一个靠谱的人。有趣根本不是人生要义。有多少时候，有趣成了逃避承担责任的幌子？

平常放纵自我、吃喝玩乐，毕业时迷茫踌躇、不知所措，这不是有趣。

东南亚新马泰逛了一圈，父母还在面朝黄土背朝天，这不是有趣。

学会了爱面子买大牌，吃点苦就嚷嚷着现实残酷，这不是有趣。

花天酒地，全场你最嗨，却不会花时间陪陪爱人父母，这不是有趣。

其实，所谓有趣，不等于没心没肺，不等于享乐主义，更不等于不负责任。我们可以做个有趣的人，但不能只做个有趣的人。

把自己的人生过成别人的乐趣，还自以为有趣，恐怕是"有趣"给我们最大的谎言了。

钱钟书在《围城》里说，你不讨厌，但全无用处。

"好看的皮囊千篇一律，有趣的灵魂万里挑一"，你还把这句话奉为真理，还要做个有趣的人吗？

所以，你想做个有用的人，还是做个有趣的人，还是做个既有用又有趣的人？

## 你是越忙越强，还是越忙越慌

01

和一个创业的朋友聊天，感叹压力大，他说，毕业了忙着忙着，心累，也不知道成天忙些啥。

我一听，不对劲啊，这话从他嘴里说出来，都不符合他那天不怕地不怕的性格。诉了苦水才知道，小伙子忙着见客户，忙着玩游戏，忙着混圈子，把女朋友给忙丢了。

他说，谈了三年多，本来是想好好努力，攒点钱，过两年领证的，那么好的姑娘，真心想结婚了。

原本以为一切花好月圆都会实现的，可是女友突如其来的决绝让他几乎崩溃。

女友哭得撕心裂肺，几近控诉：你下班从来不和我聊天，只会喊累玩游戏放松下；每次和你吃饭，手机消息电话响个不停，连我心情不好也看不出来；别说纪念日情人节浪漫了，我哭花了妆，你也只是唉声叹气，连句安慰的话也不会讲。

女友放出狠话：你去忙吧，你这种人根本不配有女朋友。

任凭小伙子死缠烂打，姑娘都冷若冰霜。其实，连外人都知道，忙只是借口，不愿用心，不愿改变，才是这段失败恋情的罪魁祸首。

## 02

有的时候，这种忙的假象，会让人误以为是充实，实际上它是焦虑。

因为，曾经我也深陷其中。直到一次连续一周的忙碌后，晕倒被送进急诊室，我才恍然大悟，让自己生活变差的忙碌都是无意义的。

我们每个人都有很喜欢或者很在乎的东西，高薪、优秀、出人头地或是守护爱人家人，这都很正常。我们奔波劳累，忙碌不停，说到底不就是为了这些吗，普通人不想改变世界，追求的不正是俗世的现世安稳吗。

这也是我最开始的想法，所以我积极上课上班，下班回来听网课提高自己，看书写文，有很多的计划，也有使不完的精力。

每天吃饭匆匆扒两口，一手筷子，一手朋友圈，走路如风，练就凌波微步。我甚是享受这样严丝合缝的生活节奏。

可是，当在医院看到父母眼里的担忧和心疼时，我惭愧又委屈。惭愧的是，我这样的忙，并没有做出多大的成绩，委屈的是，忙的时候也挺累，可闲下来的焦虑无处排解。

从医院回家后，过了十几天猪一般的生活，中药调理，一日五顿，小城市节奏慢，心情和身体都好了很多，幸福感蹭蹭涨。

过犹不及，原来，不会休息的忙碌是毒药，消耗身体，还消磨意志。


## 03

九月来学校后，我改变策略，学习之余，适当看电影、逛街，放松下自己。对每天要完成的事件，列一个优先级，一次只做一件事，做完一件再开始下一件，并且果断舍弃可有可无的事情。我的并行处理效率并不高，于是采取适合自己的串行方式。

后来发现，做完分内之事，我还可以玩会儿微博，看会儿电影，忙里还能偷闲，生活似乎没那么忙了，更重要的是，焦虑感消失了。

没有方向却忙忙碌碌的人，其实是懒惰的人。享受忙碌的感觉，闲下来就有负罪感，却忽视了结果，还给自己造成一种很努力的假象。

谁知道你是真忙，还是假忙，一年到头没有休息，但也没有拿得出手的成绩。

忙到一个脑袋两个大，忙到天天熬夜，忙到身体被掏空。

为什么这么忙呢？因为上课、工作、客户要求多等各种原因，你把时间都花在别人身上，当然忙了，你被他们牵着鼻子走。没有思考，没有原则，永远有做不完的事情，实现不完的计划。

其实一个人的精力是有限的，如果不懂得取舍，这样下去会让自己累死。

## 04

最近看到太多猝死的新闻。技术的发展带来了工作效率的提高，但也不可避免地压榨了不会选择的人的精力和体力，以前是被生活推着走，现在是被技术赶着走。

你知道休息很重要，你知道重新整理下思路很重要，你知道花个晚饭时间和家人相处很重要，可你还是不会去做。

因为，你很忙。工作那么忙，你不能缺岗；学习那么忙，你没有时间去发展一门爱好；下班回来那么累，你不想和恋人沟通，哪怕吵架也不想。

后来，你忙得失去了青春，失去了时间，失去了挚爱，才发现并没有走上人生巅峰。你后悔不迭，为什么我这么努力，还是失去一切。

其实，很多人只愿意做眼前的很容易的他能做的事情，却不注意那些不那么明显但却是很重要的事情，这样以忙为借口而偷懒的结果就是得不偿失。

那个从不关心女友感受的小伙子是这样，我因为忽略了自己身体也是这样。

这样看来，有些人是真忙，而自己是假忙了。

其实，真正走上人生巅峰的人，一定是可以同时处理好生活与工作的人。

## 05

在忙碌中，我们失去了自己，从而逃避去处理那些看起来不明显但确实重要的事情。

要知道，一开始难走的道路越走越轻松，一开始容易走的路越走越艰难。

生活那么远，路还那么长，何必舍本逐末，在忙碌中迷失方向。是时候整理整理自己的思路了，反观自己的状态，是越忙越强，还是越忙越慌？

初级的努力拼的是时间，中级的努力拼的是方法和能力，高级的努力拼的是选择和身体。

别再拿忙当借口了，你越忙越无力的样子，真让人心疼。

## 我们都是一边丧着，一边挺着

*01*

晚上，闺蜜临时拉了个群，3个人的群聊里，弹出第一句话就是："刚见完吴老师，我现在心情有点丧，快出来陪我说话啊。"

我和唐唐都蹦出来了，不是为了凑热闹，而是阿立很少说自己的难处，她说出来了，一定是心情低落到了极点。

从认识以来，阿立一直是那种热情细心的姑娘，踏实肯干，积极乐观。和她相处，让人很舒服，她身上有一种让人觉得特别安全的气质。可是，越是具备让别人舒服的性格的人，往往自己承受的更多。

阿立准备读博，最近去拜见学术大牛吴老师。从一开始约定见面日期，到打印获奖证书和论文，忙前忙后也准备了个把月。

终于到了和吴老师见面的日子。本来说好下午见，对方临时有事，又把时间改到晚上。

阿立站在办公室门口时，看到吴老师忙碌的身影，自己虽然累得不行，却连大气都不敢出。

好不容易等吴老师忙完了，自己才敢敲门。阿立把简历和获奖证书递给老师，说了下目前论文进展。老师问了下学习情况，鼓励阿立争取在国际期刊上发文章，没有文章，毕不了业的。然后这场会面就结束了。

一个月的准备，十分钟的聊天。

从办公室出来，阿立觉得委屈得不行，自己也说不上哪里难过，也许是提着重重的特产走了那么久的路，也许是晚饭还没解决的身心俱疲，也许是吴老师平淡语气下的盛气凌人，也许是自己对博士前途的担忧，想着想着，越想越丧。

所以才有了开头的那一幕。


## 02

阿立说，没见吴老师之前，只是心里紧张，见完之后，却更忐忑，也更焦虑了。

是的，我明白这种感觉，这种前途未卜却又不得不奋力一试的感觉。也是读了硕士才知道，有的人是真的读不了博士，不然总以为自己不想读。那些少有人走的路，是有勇气的人才敢走的路。

阿立倾诉完之后，唐唐也说："你看我还不是一样，马上要找工作，看到一个中意的公司，人家不要我这水平的，唉，真是觉着慌。"然后，我也是最近各种心烦意乱，脚受伤了，论文退稿，好像干什么都不顺利。

于是，我们三个在微信群里，吐槽，愤青，丧气话说了一堆。阿立说：今天就把所有不开心的都说出来吧，说完了后面就好了。

我们互相发了抱抱的表情过去。一边诉说着生活的各种不如意、不顺心，一边又安慰彼此明天更好。如果，生活已经足够温柔，谁又愿意一直励志。

聊到很晚，群里安静之后才散场。终究是积极上进的女子，最后，三人一致达成共识，我们都要成为更好的自己。晚安。

关掉手机，许多思绪又涌上心头，于是很多失眠夜就这样开始了。


## 03

记得，前两天在微博上看到一段话：22 - 24 岁，真是一个奇妙的年龄段，我身边有人还在读书，有人已经靠自己付了首付，有人单身到现在，也有人孩子都出生了。

确实啊，这个年纪的我们，求学、工作、婚姻、生子、父母，都是心头的事，件件都不小。可在生活面前，我们都是初学者，二十多岁的我们，被家长和学校保护得太好了，实际上是第一次接触生活的原始面貌。

有人在学校时花钱如流水，工作了就学会存钱省着花；有人在家里娇生惯养，毕业了就活得像个战士；有人读书时单身潇洒，后来混迹在城市中心也会感到心慌。

现实扑面而来，矫情落荒而逃。多少人一边发着牢骚，一边又在心里告诉自己咬咬牙，会过去的。你，我，他，都是如此，许多话，只是不再轻易说给外人听了。

现实的棱角，生活的逼仄，经济的拮据，感情的苍白，内心的忐忑，现状的窘迫，勇气的缺乏，这些都在让我们切实感受生存的本质，也是这些难熬的日子教会我们成长与强大的。

很多人说，90后已经开始秃顶、发际线变高、中年油腻。90后是一代，95后又是一代，5年的时间，仿佛周边已经换了一个天地。

时间的快速流逝，和自己的踽踽独行，一拉一扯之间，断层就出来了，是焦虑，是着急，是马不停蹄奔波，是三心二意选择，是很多能想到却说出来的东西。

## 04

尽管如此，我所看到的身边每个人依然活得像个小太阳。他们会一边吐槽毒鸡汤，一边自己给自己鼓劲加油；一边肆意享受像个败家子，一边又辛苦奋斗像个励志女王。

其实，相比一副看破红尘的波澜不惊，我更喜欢不甘现状的怒放生命。

他们会哭会笑会叫会骂，也会上进，会坚持，会成长，会奋斗。他们会在生活与现实的缝隙里痛哭，也会在理想与未来的蓝图面前傻笑。

一边迟迟不愿在深夜睡去，一边隐隐希望明天早点来。第二天，一切都重新开始运转，工作、心情、脑袋，包括身边的人。

于大多数人，用尽力气，也只是想平凡地活着。因为不够漂亮嘴甜，因为不够帅气多金，因为不够背景深厚，因为不够智力超群，什么也没得拼，最后也只能拼尽蛮力，走一步是一步。

但是，这些如蚂蚁一样的力量，看似微不足道，却也能厚积薄发。

身边活生生的见证：那个早起刷牙就在想客户需求的姑娘，终于在职业上获得认可；那个下班后每天学一点英语的朋友，终于将旅游地点转向了欧洲；那个每天都在看论文的师兄，终于在 *Nature* 上发了文章。

当鲜花与掌声一起到来时，所有的过往，历时已久，激动如初。我们都是走在路上的人，没到达目的地，又怎么敢停？

今早到自习室，阿立已经在看论文，全然没有了昨晚的颓废与焦躁。嗯，生活就是这样子，一步坏，一步好。我们也是这样子，一边丧着，一边燃着。

## 你一定要努力，但千万别着急

*01*

　　校园招聘季快结束了，仍然没有收到 offer，你现在每天都压力巨大，连觉也睡不好。你说，自己做的事情不比别人少：大学四年，三份不同行业的实习经历，每个寒暑假几乎没有闲着，不是做家教，就是在找专业实习的路上。

　　你想不通，明明有所准备，明明真的努力，为什么毕业来临的现实还是让人感觉无力？

　　你说自己给很多家公司投了简历，也有收到反馈，但那些跟预期不符，因为想去大城市，想要更高的薪资，想公司名气更大。

　　你很着急，又很担心，如果找不到工作怎么办？

　　这是你在公号后台发过来的一大段话，字里行间我看出来你应该是个努力上进的姑娘，但我更看出你也是急性子的人。

大学毕业找工作，现实与预期有落差再正常不过了。而你刚好既期待大城市、高资水、名企业，又认为自己已经足够努力希望一步到位。

可是啊，就如那句话说，努力不一定有结果，不努力一定没结果，关于实现目标，你只是准备了充分条件。

而剩下的必要条件：关于现实，关于实际情况，你没有办法控制。毕竟刚刚大学毕业，二十多岁的年纪，如果不是天选之人，不是家世显赫，谁能一蹴而就，一步登天呢？

所以，如果如你所说，自己已经足够努力，那么对于找工作，对于未来，你真的没必要太着急。准备工作做好了，剩下的就是等待与调整了。

## 02

说到着急，我想起自己以前也是个急性子。

为了快速完成工作任务，往往选择花最快最短的时间把事情最容易完成的百分之八十完成，而剩下的可能就搁置着，等到快要交任务时才继续完善。

可是，剩下的百分之二十，往往就是事情最关键、最难的部分，真正深入去做，才发现预留的那点时间根本不够。

小到吃饭胡乱扒两口，大到买房一天看完房源，我总是想用最短的时间，做最多的事情。

可是，这样急躁的后果就是，事情完成得粗糙不堪，因为不满意，再次返工，事倍功半。如此下来，受打击的次数多了，留给自己一个我很努力的假象和努力了但没有结果的怪象。

后来，直到有了我读研究生时论文发表的经历，才慢慢撼动了我遇事着急的习惯。当时，从选题到收集数据，到成稿，花了半年时间，一篇论文终于成型了。

我自信满满地拿着论文投稿，可是投稿周期动辄几个月，这几个月结果未知的等待真的让人无比懊恼。更让人抓狂的是，学校要求，没有发表毕业论文的学生，不能参加毕业答辩。

顶着压力第一次投稿的我，等待了一个半月，却等来反馈退稿的通知。我再心急也没有办法，只得灰溜溜回去把论文改了一通，又投到另一家期刊。就这样反复修改，字字斟酌，最终经历了三次内心的焦灼与等待，那篇论文才真正找到归宿。

后来想想，写作半年的论文，投稿周期竟然长达八个月，再算上见刊日期，快小一年了，于我整个研究生生涯也将近一半。

那次着急又忐忑的投稿经历后，我恍然大悟，有时候，精益求精的慢，其实是看不见的快；而囫囵吞枣的快，才是真正的慢。

*03*

　　想想今天，我们的确生活在一个快速的世界。人人都在奔跑的样子，列车飞驰而过的凉风，日新月异的变化，都在提醒你，要快，不能慢。世界像一个快速运转的机器，每个人都像是这台机器上的一个齿轮，不停地转动，忙于和时间赛跑，疲于奔命，被别人推搡着前进，又被自己逼迫着更快。

　　好像工资上涨的速度跑不过地铁的轰鸣声就是失败，好像做着朝九晚五不加班的工作就是混吃等死，好像努力三年没能买房以后就人生无望。

　　我们原本就因为快而痛苦，可是周围的一切仍在教我们如何更快。

　　于是努力变成了鸡汤的代名词，不仅要努力的程度够，更要努力的姿势对，还要努力的效率高，人人都在快速奔跑，快到忘记思考。过分着急，更是让人焦虑不堪。

　　时间管理教我们合理安排时间，却不会教我们如何有意义地浪费时间，吃饭不再是因为饿，而是因为到了饭点。

　　看书只看主要的故事情节，却忽略了那字里行间空白的美，省略号不是无意义的，它可能什么都是，也可能什么都不是，取决于你怎么理解。

　　为何我们只看所谓的干货，只关注加工后的观点，等不及要结果呢？因为我们都太过着急，太过功利，太过想一口吃成一个胖子了。

因为，人人奋力前进的路上，21 天养成早起习惯，7 天学会写作，3 天干货满满，这样迅速出成果的宣传口号对你诱惑太大了。

原来，很多人不是着急自己真正的目标没有实现，而是害怕面对这种被淘汰、被落后的感觉。因为，倘若是自己的心之所向，用多长时间去完成，逐渐去接近，一点点实现，不应该是满满的成就感和幸福吗？怎么会人云亦云，自乱阵脚，干着急呢？

## 04

我们很早就听过，欲速则不达。速度和质量本来就难以同时实现，或许机器经过改良，可以同时提高二者，从而提高效率。

可是，于人来说，自身的精力和时间都是有限的，我们不可能身兼数职，还能样样出色。

正是因为人力有限，所以那种一生只做一件事，并把一件事情做到炉火纯青的人才能成为一代大师。

世间真正有成就的事情，都是靠时间慢慢酝酿出来的。小火慢炖的味道，少不了时间的烹调，也少不了耐心等待的过程。把一件事情做到极致，一切都会有的。

所以，认真努力的你，真的没必要着急，生活的路那么长，你好好走就是了。

# 第二章

## 你认真做自己的样子，会发光

## 你越不想走弯路，可能走的弯路越多

*01*

记得准备硕士毕业论文时，一次例会，开了近三个小时，和老师一起探讨了论文的进展问题。欣慰的是，写完了初稿，不顺的是，初稿反复改了几次。急脾气的我，真想扔掉所有事情，一心改论文，可是越改越烦躁。

相比之下，另一个同学显得比我更缺耐心。因为数据结果不通过，急得思绪大乱。从建模到收集数据，再到假设验证，反复修改几次模型，又收集两回数据，结果就是通不过。倒推回去，结果不通过，要么是数据有问题，要么是模型建立有问题。不管是哪个，都意味着需要走回头路，甚至意味着模型推倒重来。

老师建议，最好是重新建模，重新定义科学问题。可是同学有点不舍，那之前做了那么多工作岂不是都白费了，重新开始又得花多长时间啊。

其实，他不知道，这几篇已经成型的初稿，没有哪篇是一次成功的。有人换了选题从头再来，有人收集两次数据，有人调整模型，最后才出来一篇论文。

也是多了几个反复，我们才找到写论文的套路。没有人一下子就能写出高质量的论文，也没有人一步弯路都不走就到达目的地。

## 02

记得 2014 年，在深圳打暑假工时，我曾和朋友一起去爬梧桐山。登山入口处，有两条路，一个是陡峭的石头台阶路，一个是弯曲绕行的盘山路。

也不知道当时是怎么想的，居然毅然决然选择那条扶摇直上的陡峭台阶。本以为这样可以少走点路，后来才发现，爬到山顶，双腿如灌了铅一般重。回头一看，在山脚碰到的旅游队，盘旋而上，也跟上来了。

同时出发，同时到达，我和朋友走的步数也许少些，但花的时间并没有少，顺带连累双腿酸软。

明明一开始我们是不想浪费时间，不想走弯路的，可是无意中加大身体的消耗，这难道不是另外一种弯路？

小学课本里《挑山工》一文，也有类似的情景。挑山工走的路线是折尺形的，他们走的路程大约是游客的两倍，但总能腾云驾雾般赶上来。因为，直上直下，游客的膝盖是受不了的，折线虽然会增加路程，但是节省了力气。

原来，有些看起来距离更远的折线路，实际上才是最快的路。

## 03

我们经常有这样的体验，看到高质量书单上的迅速提升自己某某技巧类的字眼，就会心潮澎湃，恨不得一天之内全都学会，化为己用。

其实，且不说这些书单质量高低，就是真的质量有保证，因为每个人所处境况不同、阶段不同、思维层次的不同，对一本书的感受和理解也不同，又怎么知道是否真正对自己有用呢。

书好不好，对我们有没有用，只有自己看了才知道，看多了，才会有辨别好与差的能力，而那些想一次看尽精华，一口吃成胖子的事情概率太小了。

其实这两年，出现很多领读的活动和课程。我有些想不通，读书是件门槛非常低的事情，为何这么多人宁愿吃别人嚼过的东西，也不愿安安静静读一本属于自己的书呢？

有人说，不知道选哪本书，也不知道这个看了有没有用啊。

去"看"，远远比"看哪本"更重要。这过程你会看到你需要的书，也会看到不需要的书。看起来，那些不需要的书似乎浪费了时间，实际上它加快了你辨别这本书是否高质量的能力。

不必怕推倒重来，也不必怕偶尔的曲折反复，虽然走了迂回，可你也爬过了一个又一个坑，更有助于后续效率的提高。

## 04

其实，生活比解数学题难一百倍，如果你想轻而易举绕过障碍，靠捷径和运气走上人生巅峰，那么恭喜你，注定的天之骄子。如果没有那样的好运，我们能做什么？

韩寒曾说，对陌生人提防与否取决于你的出厂原始设定，我喜欢先把人设定成好人，再从中甄别坏人，有些人则反之。但所谓的甄别方式其实就是被坑一次。我相信以诚相待，也相信倒霉认栽。

其实我们对生活的认知也是如此，有人认为生活很容易，挨了耳光后才知道不简单；有人则认为很难，在抗争中却明白了越努力越幸运。我相信生活很真实，没有那么简单，但也没有那么难。

一直相信，努力会辛苦一阵子，但不努力会痛苦一辈子。我不想人到中年，上有老下有小，深感无力渺小。所以我愿意现在少点投机取巧，多点尝试与风浪，这样倘若日后再碰到变故与困难，也可少点手足无措，多点厚重力量。

生活就是一个漩涡，你必须一直奋力拼搏，否则就会被甩出去。所以，与其相信捷径，不如踏踏实实走自己的路，偶有曲折蜿蜒，不必急不可耐，走过错误的岔道，你才能更好地辨别正确的路在哪里。每一步弯路，既是试错，也是离真正的方向更近。

　　走一段路，选择一个方向，找一个职业理想，皆是如此。生来就顺风顺水的人太少，大部分的人生都是一个升级打怪的过程。走过一程荆棘，淌过一路泥泞，你才知道，若是没有走过弯路，难以到达康庄大道。

## 一个人的格局，决定最终的结局

*01*

昨天参加招聘会回来后，和一个学长交流了一番。问他，如果两家公司做的事情差不多，但工资差别明显，该选哪个？

学长并没有直接回答我，而是给我讲了他当年的故事。

学长是做 IT 的，因为技术过硬，毕业一年已经在上海拿到 25 万年薪。当时，宁波有家公司挖他，开出 50 万年薪的诱惑。学长想了想，拒绝了那家香饽饽，选择继续留在原公司。他说，宁波是经济发达地带，但不是高新技术中心，去了宁波，也许能活得轻松一点，但事业可能马上就触到天花板了。

第二年，学长的薪资升到了 40 万。他庆幸，自己当时并没有被眼前利益冲昏头脑，也许五年十年在宁波也就值 50

万了，但在上海，他知道只要参与竞争，跟着时代走，未来无限可能。

我佩服学长的果敢和坚定，更佩服他的选择和远见。他不以外界价格衡量自己的价值，这谓之自信，谓之气魄，更谓之眼界。

有眼界的人，知道即使眼前的条件辛苦点，也能看到未来价值。这其实就是我们常说的，一个人的格局决定了最终的结局。

## 02

想起看《精进》时，作者曾把人的眼界格局分为四个层次。

第一个层次：无格局。在这一层的人，他们通常是随波逐流，当一天和尚撞一天钟，做事情没有什么主见。他们很容易被别人影响，盲目跟从，人生没有什么目标。

这大概是人数最多的一群人：别人上学我也上学，别人谈恋爱我也去追姑娘，别人逃课玩手机，我也可以。这样的人，生活不会有过大的波澜，因为他根本没有用尽全力，也就不存在多大的挫败，他只是得过且过、游戏人生，认为花花世界，不必当真。

第二个层次：见自己。做对自己有益的事情，关注与自己相关的利益，为了自身的发展，设定一些目标让自己达到，加快自己的个人成长。

我们生活中多数人都属于这一层，能够知道自己想做啥，以及为啥要做。爱喝鸡汤，爱听鼓励，爱上进奋斗，爱折腾尝试，信奉"我就是我，不一样的烟火"。用尽全力，不过是为了活成自己的样子，这一切，汪峰替你唱出了心声，"我想要怒放的生命"。

第三个层次：见天地。能达到这一层的，往往是那些属于专业领域的高手，专注于某一领域几十年，做出了一些成就，并且他们能看到自己在天地之间的位置，真正做到理解"人外有人，天外有天"。

这些人有自己毕生的追求，无论境遇几何，都会上下求索，有一种不穷尽真理不罢休的势头，又有一些认识到人力有限的谦卑。他们心中有着信念和理念，用踏实的行动和执着的毅力，试图做出一番事业，实现自己的理想，为这个社会留下些什么。

最高层次：见众生。这一层的人会胸怀天下，眼望全球，为整个人类和世界的发展作出贡献和影响。

这一类人，可遇不可求，做出的事情必将是开创性的、历史性的、颠覆性的。譬如被苹果砸中的牛顿，为世界和平奔走呼号的甘地，还有为疾病治疗、教育公平、贫富问题孜孜不倦的前赴后继者。

四个层次，一个比一个高级，一个比一个寒冷。越往上，与你同行者越少，风险和难度越高，带来的回报和利益也越大。

许多人，穷尽一生，不过是想平凡地活着。这很真实，也是事实。于普通人来说，达到第二个层次，活成自己的样子，获得俗世的功成名就，大概就是人们常说的现世安稳。

于自己来说，意识到眼界和格局的重要，也是这两年的事情。感到痛苦的时刻，是一个人开始改变的时刻；被比较的时刻，是一个人知道自己渺小的时刻。而我有幸，有这样的觉悟时刻。

大四那年，我选择考研，那时的初衷是，以后毕业找个自己喜欢的工作，不必被生活改造，妥协于碌碌无为。读研之后，我依然希望找个自己喜欢的工作，但不仅于此了。和同学、室友、导师的相处，总能让我看到一个不一样的世界。

虽然大学时，同学也来自五湖四海，交流聊天不在话下。可大学四年，多是三五成群、人云亦云居多，乌合之众总是寻求群体的安全感。听到、见到闪光思想的机会少之又少，更不用说身边接触到的都是有一技之长的人。

而现在，身处这样的环境，我知道，一样年轻的脸庞下，一样课程的安排下，一样方案的培养下，每个人都有自己的想法、自己的坚持和自己的取舍。

与以前相比，读研后，去自习室的人多了，待在宿舍的人少了；做实事的人多了，抱怨迷茫的人少了；求发展的人多了，抱大腿的人少了。

我看到的是，这一群人，敢想，更敢干。一个人眼界有多宽，决定了他能走多远。

*03*

看《大秦帝国》时，很喜欢商鞅三见秦孝公那一段。商鞅看到秦孝公招贤令，感其言辞恳切，真心求贤，想入秦施展谋略。真正实施之前，他试探了一下秦孝公真正所想。

第一次见秦孝公，商鞅大谈王道治国，也就是三皇五帝、尧舜禹时期，以人治国的方式。秦孝公给个面子，让他走了。

第二次见秦孝公，商鞅大谈以礼治国，也就是西周以来以礼约束和教化百姓来治国。秦孝公听不下去，痛斥他没有真才实学。

由于前两次的华而不实，第三次秦孝公连见都不想见商鞅了。恳求回转之下，秦孝公给了商鞅最后一次机会。

第三次见面，商鞅列举当时三大强国魏、齐、楚变法的成功与弊端，并且给出自己的《治秦九论》。秦孝公一听，豁然开朗，二人在书房谈了三天三夜，霸国历史翻开序幕。

看到这里，也就更加深刻体会到，世界上真正身怀绝技的人，绝不是局限一隅，而是看自己之后，看世界，看众生。

当年魏国兵强马壮，秦国羸弱贫瘠，商鞅选择秦国施展雄才大略，一方面是看到秦孝公胸襟宽广，另一方面是看到秦国霸业可图。

有眼界的人，从来不会被眼前的境况蒙蔽双眼，因为他心中的标准是自己给自己的。眼界的宽度，决定你人生的高度。

## 04

这些年，看到很多老一辈，掏老底也要给孩子在城市买房；很多家长不惜自己吃苦，花高价也要送孩子上贵族学校。这样做正确与否暂不讨论，可从父母的初心来说，谁不希望孩子能够享受到更好的资源、更好的环境呢。

眼界宽一点，就不会听风就是雨，别人说什么都信了。那么，到底怎样才能拓宽自己的眼界呢？

这两年，我自己也一直在摸索和总结中，写出来和大家一起分享讨论下。

第一，读书。我不想说读书多么有用，多么炫酷，只想说，不读书的人永远不了解读书的人的乐趣，夏虫不可语冰，井蛙不可语海，不读书可能会错过一个丰富绚烂的思想世界。

第二，旅行。旅行过程中的事情都发生在一个相对没有准备的情况下，这是最能体现一个人能力的时候，也是最能暴露一个人本性的时候。旅行，看见自己，看见世界。

第三，和优秀的人聊天。古人说，听君一席话，胜读十年书。人与人之间的交流，是最直接、最易懂的。与高人的一次深入交谈，他说的某句话可能就会触动某条神经，促进一个人的觉醒。

第四，个人总结与反思。只懂得往前跑，而不会停下来休息的人会被累死。而那些适时回望、懂得反思的人，才能更快地找出一套适合自己的方法，迅速成长。

工欲善其事，必先利其器。所有的方法都是工具，工具的目的是加快效率。不去做，不去挑战，无意义。这个世界的高远不是从别人嘴里听来的，而是自己的脚步丈量出来的。

## 看你长什么样子，就知道你过什么样的人生

*01*

　　你有没有见过，实际年龄相仿，但给人感觉相差甚多的人？我身边就有这样的两姐妹。

　　邻居家两个女儿，早年一先一后结婚，如今都是孩子的母亲。去年过年见到姐妹俩，我大吃一惊，俩人俨然已经换了辈分。姐姐皮肤保养得很好，眼睛里活力满满，而妹妹却已经身材走形，面露倦意。

　　时过境迁，当年水嫩光滑的脸庞，都有了岁月的痕迹，只是一个更藏韵味，一个更显风霜。

　　不熟悉的人看过去，一定不会知道年轻的那个才是姐姐。似乎这些年，姐妹俩的婚姻都不太顺利，姐姐离婚，妹妹将就。

　　不一样的是，姐姐离婚后带着孩子，一边拿着前夫的抚

养费，一边艰难中追求自我，努力投资自己，工作一路攀升。

妹妹习惯了逆来顺受，没有学会改善生活质量，却逐渐学会了菜场砍价和商场打折血拼。

如今，一个变成了絮絮叨叨的家庭妇女，一个俨然已经独当一面，结婚十几年，姐妹俩的生活状态已完全不一样了。

曾经都是水灵灵的妙龄少女，只是才过而立之年，就分不清长幼，究竟是怪岁月不公平，还是叹自己不再年轻呢？

其实，要我说，是姐姐不断进取的态度让她活力满满，而妹妹自甘平庸的顺从，不经意已经让自己被时光抛下。

原来，年龄大小根本不算一件事，除非你想当回事。一个人心态如果年轻，就算年岁渐长，面容也可以显得年轻。

## 02

想起，大堂姐如今已经35岁了，依然活得少女心爆棚，和女儿一起旅游，做搞怪的动作拍照。岁月在她的脸上，似乎没有留下沧桑的痕迹，反而尽是宠爱，眼角眉梢都是温柔。

那年冬天，大堂姐买了时下流行的呢子大衣，臭美发照片问我好不好看。我说好看啊，你长得美，穿什么都好看。

堂姐不经意地说，长得美也会有老的那一天，女人过了30岁，就要为自己的长相负责了，又不像20岁的小姑娘了，随便穿都好看，我都是精心研究过才搭配的。

我不禁哑然，怪不得每次见她只觉舒服，却不知，自己不经意看到的一次舒服，其实是她很多次对自己形象的郑重对待。这让我想到，堂姐家一尘不染的样子。她注重自己的形象，注重家里的整洁，不正与注重生活品质是一回事嘛。

　　大概生活就需要这样的精气神吧，不需要太过浓墨重彩，但至少温馨有质感。连自己形象都管理不好的人，很难相信他有管理好大事的能力。正所谓一屋不扫，何以扫天下。

　　而且，如果一个人穿了好看的衣服，画了精致的妆容，大概也不好意思有不雅的举动吧。举手投足之间，也会多想想，我这么美，与其浪费时间在不相干的事情上，不如花在让自己变得更好这件事情上。

　　而这些细微的改变，经年的习惯，以及积极的心态，藏于生活，会逐渐改变你的容貌。30 岁之前，一个人的长相是天生的，不可改变。30 岁之后，外力的作用超乎想象，你就得为自己的长相负责了。

## 03

　　也许，年少时，没长开的青春里，人与人之间的美丑，一目了然。但越往后，越会感觉到，一个人真正的美丽，是显于容貌，但深入骨髓。

　　不需要浓妆艳抹，至少干净舒服。合适的发型，得体的服饰，以及舒适的妆容，是一个人初级的美，而独一无二的经历、岁月沉淀的智慧和不可复制的气质，才是一个人高级的美。

别再说你只要有趣的灵魂，不要肤浅的外在。别人真的没有义务通过你邋遢的外表去了解你优秀的内在。好姑娘，好少年，要做的是内外兼修。

三分长相，七分心态。舒服的容貌与优雅的举动相得益彰，让人赏心悦目。猥琐的样子与不合时宜的言行两败俱伤，让人敬而远之。

追求有趣的灵魂和好看的皮囊，并不冲突，那么，为何不双管齐下呢？

《红楼梦》中黛玉进贾府时，曹公形容黛玉，"闲静时如姣花照水，行动处似弱柳扶风"，可不是黛玉一身病病，一腔痴情，才有弱柳扶风之态，自成一派风流？

央视一姐董卿，吐字如兰，人淡如茶。长得美的，会打扮的，不止她一个，但是说到气质美女的，她当之无愧是第一个。

正如电影《卡萨布兰卡》里说，你的气质里，藏着你走过的路、看过的书和爱过的人。

我深信不疑。


## 04

年纪越大，便越知道，把时间花在哪里，回报就在哪里。心里想着什么，面容里就藏着什么，何尝不是一个道理。

两个朝夕相处、恩爱如蜜的人，会长成夫妻相。

学富五车、肚子里有墨水的人，腹有诗书气自华。

整日计较鸡毛蒜皮的人，脸上多少透着小家子气。

所谓相由心生，大概是说，你日日年年所想，逐渐勾勒出如今的模样。曾经婴儿期，每个人都是美丽可爱的小天使，看一眼就让人感到心都要融化了。可成年后，经过岁月的打磨，有人面容变得凶神恶煞，也有人变得温和可亲。

外人看得见的是际遇的变化，看不见的是心态、思维和追求的变化。而正是这些内心的变迁，一点点改变脸上的神态，影响着容貌。

你是怎样的人，就会关注怎样的事情，有怎样的心情，散发怎样的气味，日久天长，就会形成一个人特有的气质，表现在容貌上，就是相由心生。

花无百日红，人无千日好。再漂亮的人，都有老去的一天，然而就算岁月来过，你也可以做个与岁月携手的美人，美上一生。

那么，以后的时光里不要再说，岁月，请对我好一点。不如，双管齐下，内外兼修，开始，对自己长相负责点。

## "我连努力，都要被人冷嘲热讽"

*01*

前几天，我在后台收到这样一条消息：

"小姐姐，你有没有过那种感觉，就比如考四级，自己英语特别烂，为了过四级，每天早出晚归，所有人都会觉得你会考500多600多，可是你才刚刚过线，然后所有人听到之后就会说，怎么可能，你每天这么努力地学习，还没有那些不学习的考得好。可是我的英语本来就不好，能过我就已经很高兴了，可是听到那种话，还是感觉到了压力，真的很伤心。我也明白，不要听别人，只要过好自己的生活就好的道理，可是我还是忍不住会难过。我知道自己很笨，别人花十分钟学会的东西，我可能花上一小时才学会，所以我每次会花上更多的时间来赶上别人。小姐姐，对不起，把负能量写在这里，可是我也没有地方可以倾诉，因为连我的好朋友也这么想，我看到公众号中可以把这些说给树洞听，所以才想起写这些，这几天已经被这些话扰乱了心。现在说出来好多了。让你成了被动的倾听者，我真的很抱歉，不过，也同时非常感谢！"

听语气，暂且称呼这位小伙伴为学妹吧。我感慨于学妹写出这么长一段心事，更对她的烦恼表示理解。依靠自己的努力达到目标，心里感到满足与幸福，却被无关的人一盆冷水泼下来，这种感觉，很不好受。

就好像你就是偏爱榴梿，有人非要彰显独特，榴梿有什么好吃的，那么臭。

身边有很多把评价别人当乐趣，把刻薄当天真的行为。对于这种强行刷存在感还自认为品位独特的人，我只想说，道不同，不相为谋。

就如学妹遇到的情况，你不努力，我没埋汰你，我努力，反而成了你的把柄？

## 02

学妹不是个例，我以前也遇到过这样的人。

上大学那会儿，因为爱好英语，所以坚持早读和听听力。后来，班上通知报名翻译大赛，我和另外几个同学一起参加了。但不幸的是，我连初试都没过。

结果出来，室友冷嘲热讽："看来学了也没用嘛，还浪费钱报名。"那时候还很胆小羞涩，听到这样的话没有勇气反驳，也不够内心强大去无视，相反，甚至为此自我怀疑了好久。

是否自己在做无用功？大学这么宽松的环境，别人都轻松玩乐，为什么我不可以？于是，我不但没有被同学的话刺激到更加钻研英语，而是选择了和大家一样，做乌合之众。

所以，从那次之后，我几乎没再参加任何自主报名的比赛。

## 03

随之，很快，我就尝到了随波逐流的后果。

有一次，学院合作方来校招实习生，院里几乎一半的人都去应聘，但最终面试通过的不超过 10 个，而我就是 10 个之外。那个时候已经大三下学期了，第一次面试的败兴而归，让我对未来的前途感到恐惧，也让我开始思考自己到底上了一个怎样的大学。

回想大学前两年，虽说顺利拿到奖学金，其他没有大过错，但所有的时光总结起来，无非是两个字：一般。学习一般，比赛一般，能力一般，社交一般，甚至连性格也一般，长相也一般。

想到即将走向社会的残酷和自己身无长物的窘迫，我感到了前所未有的压力与被动。可也是在这个逼上梁山的当头，我独自做出了二十多年来第一个重大决定：考研。后面很顺利，因为从那年的 5 月开始，我切切实实地实践并感受着一个词：努力。

努力很辛苦，也许是晚上十点半自习室坚持看书的孤独；也许是冬天雨雪纷飞，在走廊踱步背书的寒冷；也许是前途一片黑暗，却不得不硬着头皮摸黑前行的害怕。

总之，努力不是一碗鸡汤，喝下去就有营养；而是很多个瞬间，你亲自感受想变好，有多艰难。

## 04

但另一方面，努力这件事，又带给我很好的结果，我把它叫作生活的奖励。

考研复试相当顺利，后来就是遇到很好的导师和同学，还有学习到好的思维模式，以及接触非常多比自己优秀的人，最重要的是，在这个过程中我找到了自己的武器。

那就是：在不损害他人利益的前提下，尽力去做自己想做的事情。不用在乎别人的眼光，因为关心你的人始终关心你，而看不上你的人始终看不上你，与其让别人改变对自己的看法，不如让自己活成不在乎别人看法的样子。你不是人民币，不会每个人都喜欢你。

不过，实事求是来说，特别重要的一点是，不要夸大努力的作用，不要以为仅仅依靠努力你就可以走上人生巅峰。

这样的案例有，但是平均到每个人身上，又有多大概率是你呢？跟现实相差太远的，要么是童话，要么是南柯一梦。

现实的情况是，我没有通过努力拿到高薪，也没有实现人生逆袭。我只是，在这个过程中，一点点，一点点变好，能感受到，也能看到，对自己的控制力越来越好，对未来的信心也越来越强。

而这种体验是非常美妙的，美妙到我会像儿时一样，对每一天都充满热情和探索。

现在，我认为人生是一场马拉松，而不是百米冲刺，前半段，努力重要，后半段，耐力是刚需。

如果以后还有人嘲笑自己的努力怎么办？网上有一个点赞很高的回答：要么让内心强大到自动屏蔽那些声音，要么就优秀到远离发出那些声音的人群。

你的努力，不可笑；那些连努力为何物都不知道的人，才可笑。

## 每个人都有自己的节奏，又何来掉队一说

*01*

　　大学室友娜姐生孩子了！朋友圈里娜姐晒着婴儿睡着香甜的照片，上面配有文字："我的宝宝出生啦，很乖巧。"满满的幸福感从屏幕中溢出来。

　　看到这条消息的我，赶紧点赞评论：恭喜恭喜。不一会儿，微信弹出提醒，又有新评论"完全跟不上节奏啊，比不了比不了"，并配上捂脸的表情。

　　这话一说，底下互动的人马上排好队形了，莉莉说：这就叫输在了起跑线上……

　　大虾说：这就叫毕业两年后的差距是怎么拉开的……

　　阿唐说：这就叫都是九年义务教育，人家怎么这么优秀呢……

　　就在我们差点把自己自嘲成人生输家的时候，小琴一句

话就结束了话题：每个人都有自己的节奏，我们都应该耐心一点。

小琴的话一下子安抚了许多焦躁着急的情绪，就像她这个人，总让人觉得不紧不慢，却相处起来很舒服。

或许有人是快马一日千里，有人是蜗牛日积一步，每个人的目标和终点不一样，境遇和拥有的不一样，节奏又怎么会轻易一样呢。

生活不是一场 2 小时考试，我们每个人都有自己的节奏和生活方式。

## 02

记得好朋友阿乔刚开始工作那一年，过得尤其不如意。充满挑战的工作、陌生的工作环境和全新的人际关系，让阿乔在毕业后的头几个月里过得小心翼翼，如履薄冰。

屋漏偏逢连夜雨，本来工作就让人压力大，没多久阿乔生病，从感冒转成轻度肺炎，辛苦拿的工资全都给了医院，还欠了一身债。

那时候她一个人在三线小城市，工作的繁忙，薪水的可怜，无人诉说烦恼的孤独，这些突然袭上心头的坏情绪分分钟都让人委屈得想哭。

阿乔说，那时候三天两头就有想辞职的念头，可是想着身无长物的窘迫，又不能轻易任性。

终于，她在第一家公司熬够一年后，果断去了一线大城市，重新找回自己的生机和力量。

后来很顺利，阿乔工资翻倍，福利待遇比第一家公司好太多，更重要的是，她在大城市找到了生活的节奏。每天不再是带着情绪上班，而且满满的希望与动力，有计划地学习新技能，有规律地生活。

最近她又开始学游泳了，说是为了减肥，也为了把周末时间利用起来。我赞她："你现在生活节奏真好，真羡慕啊。"

阿乔很接地气地说："我也是过了两年灰头土脸的日子，才慢慢找到自己的节奏啊，放心，你也可以。"

是啊，大街上形形色色的人，有人匆匆忙忙，有人东张西望，还有人走回头路，人们状态各异，却都是为了自己的目标，或行动，或停留，或思考。

而一个人的状态一定不是一成不变的，养兵千日用兵一时的快，还有实现目标过程的调整和权衡，都会让生活的节奏忽快忽慢。

你有自己的鼓点，强行与别人比较，只会打乱了自己的生活节奏。


03

上大学后这几年我一直很迷糊，只有一个大概的方向，却没有具体清晰的目标。比如我只想自己越来越好，却没有考虑是哪方面。如果把这种"更好"进行分解，究竟是挣更多钱，写更多文章，还是找份好工作，变得更会说话？我一直没有明确的路径。

对于人生的方向，有人是用主动出击法，有人是用随波逐流法，而我是用排除法。所以这几年，我很迷糊，但我试过的错和尝试的事情也不少了。大概，这种经历也与我认为"人生是体验的集合"这种观点不谋而合吧。

如果我对几件事情都有兴趣，我会找机会体验这几件事情，然后在其中作出最优选择。每次接触新事物，不可避免的就是适应和学习，也许直到现在我也没找到人生的一条阳光大道，但我学到了自己快速解决问题的能力。

熟悉我的朋友可能会知道，也许我这段时间在撰写论文，下段时间就忙着实习了，再过段时间，我又在专心写文章了。

看起来我是最没有节奏的人，可是谁能想到，就是在这种节奏切换中我越来越靠近自己想要的生活状态。

想去实习的公司，想去旅游的国度，真心想对他好的人，想安的家，都一步步在实现。很好，很满足。

人说三十而立，未必是成家立业，有可能是立志，立方向。而我这几年毫无节奏的节奏，或许就是在靠近这个方向吧。


## 04

知乎上曾经我印象特别深刻的问答。

问："别让孩子输在起跑线上"有道理吗？

答：一辈子都要和别人比较，是人生悲剧的源头。

不得不感叹答者的智慧。高考前十几年的读书生涯，几乎都在教我们，要竞争，要比较，长长的名次排行榜让每个人都难逃比较和被比较。

当初，最烦的人就是别人家的孩子；现在，最烦的就是别人的生活。你必须在某件具体事情上参与竞争，但不能无休无止地比较。你羡慕身边的人结婚了，生娃了，殊不知别人羡慕你升职了，变美了。

有些人看似走得比自己快，其实未必。因为你和别人走的不是一样的路，彼此的状态也不一样，倘若因为别人的生活方式，打乱自己的节奏，继而陷入迷茫与自我怀疑中，才是真的不值。

有人喜欢跨洋越海的紧凑感，有人喜欢偏居一隅的悠闲感，有人少年得志就走上人生巅峰，有人历经沧桑终于体会知足常乐。

所以，生活不是答一份相同的试卷，每个人都有自己的节奏，你得按自己的来。

## 把行动交给现在，把结果交给时间

*01*

朋友在微信上给我发消息：我的小说被编辑相中了，正谈稿酬呢！有没有觉得我很厉害！

我在手机这端，都能感到满屏的激动扑面而来，赶紧竖大拇指点赞。你太厉害了，你是我的偶像！

朋友回我：那是。不过说实话，本来写写文章也就是当个兴趣坚持下来，没想到还能挣个饭钱，意外之喜啊，哈哈。

我夸她，这就叫越努力越幸运，皇天不负有心人，才华撑起梦想。

其实，之前听朋友提起过，她在网上写了十几万字的散文，但观众寥寥，支持也寥寥。有的时候自己也感觉坚持不下去了，但一想到身无长物，况且也是真正热爱写作，也就抱怨之后，继续作战了。

如今，虽说没有收获多少读者的喜欢，但意外惊喜是，有了编辑的赏识。对于朋友来说，这是认可，也是鼓励，还是动力。你看，虽说散文没人喜欢，但小说有买主，也算是无心插柳柳成荫。其实，只要在一件事情上付出了努力，就算没能获得预想的结果，但也一定不是一无所获。

事实上，如果我们做事情，少一些功利心和目的性，多一些踏实和实在，最终反而就会多一些幸福，多一些惊喜。

*02*

其实，说没有功利心是假的，吃饭喝水的人，都要生存，都是凡人。每个人都希望，付出就有回报。

不过，现实中，如果要做一件事情，在看不清结果之前，有两种人。

一种人想的是：付出了不一定有结果，努力也是白费功夫，还是想想做什么，能更快变富、变美、变好。想来想去，挑来挑去，时间逝去，什么也没做成，然后就变成迷茫、焦虑。

另一种人想的是：我也不知道自己能不能做到，那就先尽力做着，把眼前该做的做好，把想做的事慢慢坚持。一件一件小事完成，一点一点能力得到提升，满足感、成就感，悄悄降临。

慢慢地，这两种人的差距越来越大：第一种人，依然找不到喜欢做的事情，好像什么也做不好。第二种人，似乎是全才，天底下就没有他不会的事情。

几年之后，不免感叹，同样的起点，老朋友之间为什么有天壤之别？因为第一种人一直在想，第二种人一直在做。

我们希望的是，努力有回报，付出有结果。而生活的潜规则是，懒惰被惩罚，逃跑要挨打。

## 03

上个周末，见了一个武大读研的老朋友。听他说起，才知道他原本考的是中南，后来被调剂到武大。

我心想，这调剂得很值啊。他说，调剂时本来都不抱希望了，但是想着一年的努力，历历在目，还是打好最后一仗吧。硬着头皮去武大复试，没想到今年刚好专业扩招，于是就顺利录取了。

有的时候，不得不感叹，生活是一个调教人的高手，每次一出手，都让人不得不服。当你快要放弃时，快要躲起来时，它又雨过天晴，阳光明媚，让你继续相信，继续往前走。

考研的朋友在复试关头是如此，写文的朋友在坚持不下去的时候也是如此。这一切发生在偶然中的必然，不过是生活想告诉你，人生没有白走的路，每一步都作数。

从无读者问津到编辑约稿，从中南调剂到武大。有的时候，我们确实会与一开始预想的美好失之交臂，但是只要你付出了，总会邂逅另一场春暖花开。

*04*

如今，我们都生活在一个物质和信息都高度丰富的时代，可也正因如此，才有太多人在生活的繁华里迷航，在时间的洪流里失去方向。

这一切都是因为，我们都太在乎回报，太在乎收益，太在乎结果。付出十分之一，就想收获一分之十；坚持一个星期，就想有十年的效果；搞了三天学习，就觉得自己是学霸。

我们实在是太着急了，太浮躁了，太想一步登天了。殊不知，台上三分钟，台下十年功；十年磨一剑，才出好剑。

与其把时间用在焦虑和计算结果上，不如现在开始做一件手边的事情。

不必问，做这个有没有用啊，能不能赚钱啊，我能不能成功啊？

你尽管去做，成与败，做了才知道。

三十年河东，三十年河西。希望，你我都能，把行动交给现在，把结果交给时间。

## 表面问问题，实际求安慰

*01*

有学妹问我考教师资格证的相关事宜。我简而概之，一一回复。

然后，学妹话锋一转："学姐，我感觉自己什么也不会，明年找工作好害怕啊，想着考个教师资格证，说不定到时候有用吧。"

嗯，听出来了。学妹的问题，不是打定主意要考这个证书，至少不是已经在准备考试，而是希望我能告诉她，考证有用，对找工作加分。可是，我也不知道证书考多了，是优势，还是负担，我没办法给她想要的答案。所以，最后只好说，你先自己花些时间想清楚，再决定要不要考吧。

可见，一开始就指向不明的问题，别人也很难给出可实际操作的解决办法。

## 02

前段时间，崴伤了脚，一开始没当回事，过两三天之后，变成了一个走路不协调的小跛子。走一步，疼一步。

实在不能再拖了，于是去医院连续敷了两天药，医生嘱咐，少走路，多卧床休息。

自从敷药之后，我以为万事大吉，又生龙活虎每天来回走一个小时到办公室。不听专业人士的建议的后果就是，两天后伤脚又开始复发，走路极度不协调，同学说我"脚残志坚"……

只好又去一趟医院，刚巧还是上次的医生。听完我的描述后，医生一脸嫌弃地说："你这个情况没什么大碍，就是要多休息，少走路，说了又不听，你们这些年轻人啊。"

我讪讪地答道："知道了知道了，谢谢医生。"回去的路上，手上拿着药，生理上、心理上，疼痛缓解了，仿佛自己的脚明天就能好似的，药还没涂，心却安定了。

原来，我们都有这样自欺欺人的习惯。拿起书就觉得自己是学霸，上了医院就觉得病会好。我们对做事形式的重视程度远大于做事实质的重视程度。

我在问药治病时是如此，有很多人在问方法解决问题时也是如此。说来说去，不诚心的问，只是想聊慰内心，安抚情绪，而不是真正的排忧解难。

## 03

情绪和身体一样老实，稍有不舒服，就会暴露出来，就会寻求缓解方法。其实，很多时候，我们向别人抱怨，求助，问怎么办，表面看来，是想问解决办法的，实际上是求安慰的。

之所以这么说，是因为，很多人没有问问题的态度，没有事先做好充足准备，没有列出可选方案 ABC，没有上网查资料。贸贸然连问题都没表达清楚，就找师兄师姐询问怎么办。

其次，对方提供了方案自己也不一定做。当时觉得醍醐灌顶，事后原地踏步，该怎样还是怎样。坚持吃了两天药就觉得万事大吉，后面就草草应付。

而且，我们提问的声音总比解决办法的声音大。当别人说你可以这样解决可以那样解决的时候，你又说这样好麻烦、好复杂、我没时间、我做不到。

最后，别人把该说的都说了，你还是觉得不过瘾，自己还是不知道该怎么办啊？坦白说，这样的人，恨不得别人帮自己把人生也给过了。

电影《天才枪手》里面，富二代情侣请求学习天才小琳帮自己代考，从此一发不可收拾，直到在国际考场上作弊败露之后，他们依然没有认识到自己的问题。

可笑的是，考试这件事，别人可以帮你考一次，考两次，可人生的这场考试能请人代劳吗？

说白了，很多时候，我们根本不关心试卷题目，只想要正确答案；很多时候，我们也不是真心想求解问题，而是想让自己内心的焦躁，有地方安放。

可是，这样的自欺欺人，百无一用。除了当时自我麻痹，缓解内心的恐惧和焦虑，事后，生活还是一点也没有改变，依旧会陷入下一个不安全的怪圈里。

去医院看病，却不遵医嘱，不治标也不治本。提问题求解，却不实践思考，等于白问还浪费时间。

## 04

只要稍微愿意花点时间，不妨换个角度想想：如果只是要安慰，就大大方方地成全自己便可。吃美食，逛街，打游戏，找闺蜜或是哥们喝酒聊天，能排解就排解。

谁也没说，人生就该一直绷着，不该有脆弱低谷的时候，不该有迷茫困惑的时候。我们都是人，情绪都需要有释放的缺口。但是，当我们找他人寻求解决问题之道时，最好分清楚，此刻的自己是主观情绪需要安抚，还是客观问题寻求办法。

希望我们是对症下药，而不是病急乱投医。那么，下次我们倾诉的时候，先分清楚目的，再分清楚对象。

## 你有权活成自己想要的样子

### 01

上个星期去修电脑，凑巧在电脑城碰到一个老朋友，当年高中班上的小帅哥。

如果不是他叫我，我很难把眼前这个理着整齐的头发、眉眼中都是稳重的大男生与当年那个怯怯的小伙子联系在一起。

等着拿电脑的空当里，与他闲聊了几句。才知道，当初因为喜欢电子产品，坚持要创业的他，经受了不少的反对和质疑。欣慰的是，现在的一切都在往好的方向发展，老朋友也越发斗志昂扬。

他看我在读研，言语里有些怀念学校生活的意思。不过又小有成就地说："自从毕业以来，每个月都觉得很艰难，但每个月确实都越来越好。"

言词之切，我相信这是毕业一年半的总结之谈。就在我们聊天的同时，陆续有客户来找他，干练的工作样子、积极的精气神，无一不勾勒出他的事业在走上坡路。

其实，他羡慕我学习生活的简单无忧，殊不知，我也羡慕他工作的成长丰富。尤其是，他在做自己喜欢的事情，且有了起色，做出了成绩，做出了欣赏。像朋友这样的人，天生就有那种不被外界改变的偏执，坚持自己喜欢的事，活成想要的自己，用丰硕的结果让不怀好意的人闭嘴，更让自己变得强大有底气。

遇到这样的人，我真想说一句：你认真做自己的样子，真酷。

## 02

最近，似乎越来越多的人，对章子怡黑转粉了。因为她长得漂亮，因为她坚定的职业操守，因为她敢作敢为的性格，因为她实力在线的演技。

可是，这些东西，她从前不具备吗？事实是：一直都有。只是人们不愿意看到，更多的是去关注她的高调、她的国际章身份、她的夸张言行。

为何现在，大家转变了态度？因为，章子怡在一片批评和挑剔声中，潜心打磨，拍出《卧虎藏龙》《一代宗师》等高水准的电影；在众人的不理解中与汪峰结婚，收获爱情的幸福；如今参加《演员的诞生》，依然是敢作敢当的大气模样。

　　她，确确实实地，听从自己的内心，活出了自己想要的样子。不惧流言蜚语，亦不惧岁月不饶人。从"国际章"到"醒醒妈"，从国内到奥斯卡，她一直把强大写在脸上，很多人看不惯她一副野心勃勃的样子，可是当她退回生活，做个贤妻良母时，又有人开始说三道四。

　　其实，观众有的时候实在太把自己当回事了，把那么多时间用来围观，用来评价别人好坏，用来崇拜，可曾想过，最该郑重以待的是自己。

　　自己的生活丝毫不操心，别人的一点一滴都不放过。实际上，追随得再久，你依然只能看见别人的背影，你只有认真做自己，才能收获别人同样的目光。


## 03

　　如今，我们生活在一个变化飞快的时代，稍一放松可能就被时间抛出老远。但身边总有一些人不惧跟不上节奏，反而慢慢活出自己的节奏。

　　生活里，我不太喜欢拿远在天边的人做偶像，却喜欢拿身边优秀的人做榜样。而堂姐，便是这样一个我可以学习和交流的人。

　　多年闯荡的社会经历，磨砺出堂姐身上一种女性特别好的气质：温柔。她的温柔不是招之即来挥之即去的懦弱，而是我虽脆弱，必当坚强的底气。

这些年，堂姐在深圳混出自己的一个小圈子，虽说买房遥遥无期，但是生活足够丰富多彩。她说："为何一定要在北上广买房才能算是人生成功的标志，我热爱工作，挣钱不少，随时想看海就看海，想蹦极就蹦极，想窝在沙发上浪费一个下午就可以浪费一个下午，想带父母出国游就出国游，这就是莫大的满足。"

我喜欢堂姐通透的想法和舒坦的生活态度。这样从小镇姑娘到都市白领，真正过上自己想要的生活，于很多人来说，已经是认真生活的回报。如堂姐这般认真做自己的人，似乎不惧外界洪流滚滚，买房、嫁人、女强人，统统听不见，只想安静地做个自己想做的人，欢脱潇洒，宠辱不惊。

吴晓波曾说："生命从头到尾都是一场浪费，你需要判断的仅仅在于，这次浪费是否是美好的，是否是你想要的。"

越知道将时间浪费在自己喜欢的事情上，往往离自己想要的生活越近。

## 04

也许，从小到大一样的考试、一样的生活期待，甚至一样的人生理想，早就让我们在条条框框里动弹不得，可越是这样，我们越该意识到，是时候改变了，是时候想想自己真的要什么了。

再小的花儿，也自芬芳。有迷茫，有害怕，不要紧，谁不是一路跌跌撞撞学会走路？重要的不是迷茫这个状态，重要的是接受迷茫，你只有接受现状，才可以改变现状。

我打心底里佩服那种，把自己的生活过得摇曳生姿的人，无关金钱与地位，而是生活姿态。

那种天生就是富二代的人，他活得潇洒肆意，你奋斗的终点也许不过是别人的起点，何必自寻烦恼，找错对照目标？

那种出身低微、靠一己之力勤勤恳恳加冕封王，金银满箱，鲜花环绕的人，你不是更该佩服和尊重，又有什么资格诋毁辱骂？

一直想要公平，对已经客观存在的差距或是嘲弄，或是不屑一顾，感叹命不好，却不能正视别人一步一步挣扎泥泞走出的康庄大道。公平是给愿意相信公平并为之奋斗的人，不是给不相信公平到处挑剔的人。

你想要什么，就自己去拿。你想别人承认你，那就先活出自己的样子。你一定不知道，活成自己的你，有多迷人，有多闪亮。

## 专不专业，就看细节

*01*

南门有家重庆小面味道不错，我经常去吃。店面不大，装修一般，但店里的生意很好，老板很热情。

去的次数多了，老板也就有印象。每次，我的脚刚踏进店门，老板就熟络地说："丫头，今天还是小面加鸡蛋吗？"

我赶紧回答："嗯嗯，老板，还是一样。"大概在我去了三四次之后，老板就记住了我的口味，在我玩手机的空当，就端上来一碗香喷喷的重庆小面。

有一次吃面时，进来了三个男生，他们似乎在用地方话讨论吃什么。老板突然说一句："小伙子，今天担担面卖完了，吃别的吧，也好吃。"

男生一脸惊讶地问："你听得懂我讲话？可我讲的不是普通话呀。"

老板一边收拾桌子，一边爽利地回他："你不用讲普通话，我也听得懂，要是你们说话我都听不懂，还做什么生意。"

我在旁边听着，暗暗为老板的机智点赞。一下子明白了，这一排的店面，为什么就这家的顾客络绎不绝，并且一团和乐。

开小吃店的人，接触的顾客各种都有，南来的、北往的、稚气未脱的、西装革履的、大城市的、小县城的。熟悉顾客的口音，并且马上做出回应，这样的小店很难不让人有亲切感。

哪怕是开一家小面馆，也不放过一个细节：和气的待人态度，专业细致的服务，口碑良好的食物。这样的人不会不成事，这样的店不会生意不好。

## 02

大到投资收购，小到开路边摊，其实每一个细节都大有可为。高精尖的工作，专业会让人们觉得靠谱放心；普通的工作，专业会让普通人更快脱颖而出，变得在一个领域更专业。

《拆掉思维里的墙》讲了这样一个故事：小美在一家公司做行政，每天工作就是收发材料，整理文件，打理盆栽，节假日的时候给员工分发礼品。她抱怨这份工作没有价值，不想干了，觉得特别无趣。

后来朋友指点她，你可以把每个员工的礼物都精心包装后再送给他们。一来，花不了多少钱，二来，员工也会觉得你花了心思。

再然后就是皆大欢喜的事情了，因为花心思包装礼物，公司的每个人都认识她了，她收获了很多朋友；更重要的是，老板看到她工作尽心卖力，没多久就提升她当行政主管。

看吧，在力所能及的范围内，把一件小事做到极致，做到专业，你就会很了不起。很多人感叹怀才不遇，可恰恰很多时候，机遇是自己创造的。

你只有先在小范围内精益求精，展现出自己具备这项工作的技能，才会有更加专业的职位和机会光顾你。因为，将欲取之，必先予之。

成大事者不拘小节，但一定要重视细节。因为细节，才是无声处的决定力量。能把一件小事做到极致、做出口碑的人，需要能力，需要水平，需要专业。

可惜，大多数普通人，都是做一天和尚撞一天钟，做事流于表面，不讲定位，亦不讲深度。

朋友去商场买行李箱，问年轻的导购小姐姐："请问，这个箱子多大尺寸啊？"

小姐姐迅速回答："这个箱子原价399，现在打八折。"

朋友无奈："我是问这个箱子多大，多少寸的？"

导购弯腰看了一眼吊牌，把吊牌上的尺寸念了出来：

"59×24×34。"

朋友只好说："算了吧，我自己再看看。"

事后朋友跟我说起这个事儿，一脸的义正词严，你说有的人拿着3000块工资，还抱怨不公平，如果连行李箱尺寸也说不出来，3000块都给多了。

出来工作的，说得直接点，都是想挣钱；说得好听点，也是想提升自己。可是，作为导购，连顾客最基本的问题都回答不上来，确实有点说不过去。

所以，很多时候当你可以调整自己去把事情做得更好的时候，先别忙着抱怨外界。

你不专业，别人为什么要给你专业的薪资？

## 03

其实，身边有很多那种看起来什么都懂，但问起核心内容却支支吾吾的人。

满罐子不响，半罐子响叮当。他们误把外界的掌声当作自己的实力，不经意中，给自己营造一种我很厉害我很优秀的假象，当团队散去，当红利过去，只能啃老本度日。

更有一种人，根本不知道专业为何物。以为自己能做的已经是极限，根本不相信导购这个职业能做出花来。

可是想过没有，能力有大小，事情有大小，可做事的态度没有大小。我们可以选择在一个小范围内做到最好，做到专业，当你觉得身边90%的人都已经不能与你匹敌时，就是要跳出舒适区，走向另一个圈子的时候。

在这样一次一次的迭代过程中，你可能会从一个做小面专业的厨师，转变为一个做管理专业的老板，然后再转变为一个做面食餐饮专业的巨头。

到那时，你对自己过往历程的一句总结，你对所在行业的一句点评，你对市场产品的一次预判，都会被认为是专业的，因为在一次次处理细节的反复中，你已经变成了一个专业的人。

做大事者，不拘小节，但要重视细节。而一个人专不专业，就看他能不能说出一百个细节。

## 你认真生活的样子，真性感

*01*

"我得了一种病，一种不看书就会不开心的病。"

这是昨天读书会上一个很有个性的姑娘说的。她剪着短发，个子不高，站在台上，介绍了自己读过的书，还有在读书过程中，一点点渗透在她身上的气质。

她的语速语调，以及发言逻辑和手势都非常娴熟。成熟自然的台风，让这个姑娘仿佛会发光，也让底下作为观众的我羡慕不已。

她说，自己每天会骗自己五分钟。

骗什么呢？

骗一切让自己变好的事情。比如，她骗自己，专注地读书 5 分钟，我就会变成一个有才华的人；骗自己跑步 5 分钟，我就会变得身材苗条；骗自己早起 5 分钟，我就会变成一个行动达人。

骗什么不重要，几分钟也不重要，重要的是在专注的过程中，她会持续把一件事情做下去。

是的，我们想要沉浸于一件事情很难，同样，当我们沉浸进去之后，想要从一件事情中出来也很难。

所以，优秀真的是一种习惯，那些想要提升自己的人，自然能找到各种办法让自己变得更好。


## 02

每一次向外的探索和接触，都能让我学到不少东西，更能感受到，大家都在多么认真地生活。

印象最深的，是一位准研究生的妈妈。她在现场提了一个非常好的词语：功能性。她认为读书会不应该仅仅只是提倡读书，更应该发挥利用空间，功能性应该更多元。所以，她希望通过与年轻人接触，更加了解自己的孩子，也能更好地帮助到孩子。

她很留意现场的几位研究生，提出希望能够指导一下她的孩子考研复试的问题，并且请大家吃饭，希望大家能够体谅。

说实话，听到这里，我很佩服并且欣赏这位妈妈。

从了解读书会参加渠道，到苦心孤诣为孩子寻求建议，以及对年轻人的鼓励和支持，都证明了她是一个非常热爱生活、积极认真的人。

身边常有人用年龄作为借口，去掩饰自己不想解决问题的懦弱。其实我想说，年龄真的不重要，能让自己活得不在乎年龄才重要。

还是那句话，办法总比困难多，只要你想解决，想改变，没有寸步难行的道理。

相对一般人，那些优秀的人，只是对自己更狠而已。

## 03

我很相信那句话：你是什么样的人，就会遇见什么样的人。这不是一种随机巧合的轮回，而是一种主动选择的结果。

正是由于你们有着相似的兴趣爱好，较为重合的认知，棋逢对手的能力，所以你的内心所想，才会指引你们相遇。这个人不单单指的是伴侣，还有可能是你的闺蜜老铁，你的社交圈子以及你未来的贵人。因为对味，彼此才会惺惺相惜，才会觉得有意思，才会巩固关系。

《简·爱》里说：过强的对手让人疲惫，太弱的对手令人厌倦。深以为是。生活中，除了血缘至亲，与其他任何人建立深度关系，都必然是实力与感情的综合效应，越往后，这个效应越明显。

没有人有义务一直容忍你的不思进取，也没有人会拒绝你的认真向上。

你身边聚集的那群人，就是你最好的照妖镜。

*04*

　　"用力成长，用力生活，用力爱"，就如我对自己的要求一样，哪怕是浪费时间，也要浪费得有意义一些。

　　小孩子玩玩具也可以很投入，成年人做正事却很难认真，说起对生活的那份郑重态度，我们真应该学学小孩的纯粹。

　　世上可怕的两个词：一个是认真，一个是执着。认真的人改变自己，执着的人改变世界。

　　或许，你的个性、情绪、愿望对他人而言一文不值，但是你的梦想、你做事的方式和你努力的样子会深深地影响到你身边的人。

　　你一定不知道，你认真做事、用力生活的样子，特别性感！

# 第三章

生活的路，努力的人越走越宽

## 越努力，越幸运

*01*

早上起床，收到朋友微信消息，她在谈一个书稿项目，并且稿费可观，问我是否有兴趣参与。睁开眼就看到机会在眼前的感觉不错，了解了具体情况之后，我很爽快地答应了。

早上收到好消息的附加好处就是，一整天都会心情大好，看什么都顺眼，做什么都有劲儿。

我刚准备放下手机，又一条消息弹出来。是之前签过的一家公司，准备给作者寄送年终礼物，正问我收货地址。

我飞快回复了几个开心调皮的表情过去，毫不掩饰自己的开心与惊喜，真是好消息不断。负责人回复我："**加油吧，努力的人生会开挂。**"

听到鼓励的我，深为感动与温暖。我知道，虽说2017

年里依靠写文，确实得到了一些物质奖励，可身边人的认可，却更让人激动。

这种感觉太好了。就像是你在走一条前途未卜的路，周围都是反对和质疑，甚至是诋毁与轻蔑，突然有一个声音告诉你：我知道，你可以的。

这种力量，是你努力到一定的程度，生活赋予你的信心与勇气，让你克服恐惧，继续勇敢往前走。

这些事情，并不是一帆风顺，过程里常常穿插着曲折和波澜，还有内心的纠结与等待，甚至承担着功亏一篑的风险。

可是，任何事情，并不能因为有了失败的风险就不去做，就去逃避。逃避往往带来更大的混乱与烦恼。

比如，两个星期以前，我收到论文 C 刊录用通知，试想一下，如果不发 C 刊论文，毕业就会成为一个问题；比如，前段时间，因为文章阅读量较高，一家官媒发来稿费支持，可如果当初不坚持写文章，停下来可能就起不来了，更没有如今的成果。

我不想自己的生活变得被动，更不想过着提线木偶般的人生。所以，我才要折腾与翻滚，尽管很有可能我会折腾到精疲力竭，翻滚到遍体鳞伤。

可是，想想，除了这些，你还有什么可失去的吗？明明拥有的就很少，还怕这怕那，人生怎么可能翻盘？

*02*

很长时间里，我都一直遵循着按部就班的生活原则。因为，我身边的人都是这样：上学，工作，结婚，生孩子，孩子上学，孩子工作，孩子结婚……

区别不过是，有的人在农村，有的人在城市；有的人过得逼仄，有的人过得风光。周围的人都在用严厉的目光要求着我，你要活得成功，要高学历、高薪水、高平台、高生活品质。

仿佛作为一个博士，你没有豪车别墅、年薪百万都不好意思出门；你作为一个大学生，你不光鲜美丽、月薪过万，简直是白读了大学。

周围的人，总会用各色眼光，期待的，轻视的，苦口婆心的，冷眼旁观的，提醒着你，成功潇洒才是人生要义。

可是，从来没有人告诉你应该怎么做，也没有人告诉你这条光鲜的路上有多少不为人知的辛酸。

所有的忐忑与兴奋，痛苦与快乐，你都要亲自体会。旁人只管提要求、提意见，要采纳多少，无视多少，这细节的判断，这关键的选择，依然只能靠自己。

上大学那几年，我还是个特别循规蹈矩的乖学生。有过几次独当一面的经历后，我对自己的关注度逐渐提高，对无关事物的关注度越来越低。

因为，在慢慢接触社会的过程中，我学到特别重要的一件事就是：你有能力了，就会有朋友，有机会，有物质和精神的反馈。

相反，你若没能力，没资源，现在围绕在你身边的光鲜亮丽，都是过眼云烟。所以，除了休息和调节的娱乐之外，我几乎花全部的心思和时间建设自己。读书、旅行、写文章、完成分内之事，不让生活脱轨。

我并不闲。往往是完成作业任务后，又要抓紧构思文章，文章写完了，又要看书保持输入。总之，也许是我的时间管理能力不够，每一天都觉得很忙。

只有在完成一天的任务，晚上躺上床可以闭着眼睛神游一会儿的时候，我才觉得那一小会儿是属于我自己的时间。

我是个懒人，所以我很少想，做这个事什么时候有回报，有多少回报，这些回报值不值。

我没有时间钻营技巧，投机取巧，也不愿斤斤计较这些。我只相信，但行好事，莫问前程；我只相信，路是走出来的，机会是努力出来的。

我想，越努力，越幸运，大概说的就是这个意思吧。

## 你只有很努力，才有选择的权利

*01*

刷朋友圈时，看到堂姐的动态，海滩漫步的美照让人眼前一亮。我赶紧点赞评论：人生赢家。

堂姐回我：小丫头，别着急，好好努力，你也会有的。

堂姐说这话，我深信不疑。

因为，我几乎见证了她从一个中专生一步步走到今天的成功。十几岁的年纪，外出打工，先后辗转福州、深圳、沈阳、上海，工作也从车间工人，换到超市收银，换到商场导购，再到金融理财师。

随着年龄和阅历的增长，靠着持续的努力和汗水，如今在上海带了一个四人的团队，也在武汉买了一套房子。

过年，堂姐带对象回老家，据说男方是个富二代，家里有一定资产。叔叔担心堂姐教育程度低，受人家欺负。

堂姐说："爸，我不傻，他要是对我不好，我就踹了他。"

话虽然粗暴，可说这话的底气却不是人人都有的。堂姐摸爬滚打十多年，赤手空拳打出自己一片天下，如今活成了最好的样子，才有了选择的权利。

堂姐今年 27 岁了，她说，自己是闯过社会的，深知生活艰辛，越发不想让这么多年的努力，被婚姻的琐碎消磨。所以，一定要找一个珍惜自己，爱自己的人。

十多年的努力，换来了今日的底气。有本事，才有选择的权利。

## 02

想来堂姐一步一步走来是辛苦的，可也是幸福的。但更有许多人，同样忍受着辛苦，生活却一切如故。

有几个小学同学，很早就没有继续读书了，外出打工，三两年后，谈了对象，就走上结婚生子的路。

我上大学时，偶尔回家，看到她们抱着孩子吃早餐，有一种说不出的距离感。再后来，听左邻右舍说起，谁谁谁在家带孩子，年纪轻轻在超市混一千多块钱的工资。

每每听到儿时玩伴的名字，总觉得有些恍惚。我们都是同龄人，但生活的轨迹已经完全不一样了。

很多人似乎都不明白努力的意义，在还没认清自己时，就匆匆进入婚姻，生子婆媳弄得精疲力竭，等到想努力时，感叹青春已逝，生活无情，似乎很多工作都容不下自己。

其实生活的辛苦是一样的，有人不愿吃熬夜加班努力奋斗的苦，最后还是要承担风吹日晒鸡毛蒜皮的苦。

只是，前者至少可以抓住一些东西，拥有对抗外界的能力，还有底气，还有不妥协的能耐。而后者，却发现自己空无一物，随便找个人，找个工作，就以为能消除心中的不安。

临渊羡鱼，一种是可以退而结网，一种是无路可退。有的人可以选择去大城市，也可以选择留在家乡。而有的人，是离不开家乡，只能待在原地。

有伞不打和无伞可打，完全是两种心情，两样人生。

## 03

如今，我们大部分人都背井离乡去外地求学、工作、逐梦。每个认真对待生活的人，应该都曾有过觉得自己渺小的苦日子，也有过觉得自己厉害的得意日子。

有的时候，我们多做点事情，真的不是为了要一步登天改变世界，而是为了倔强反抗不被世界改变。

不想为了三毛两角，在菜市场讨价还价；不想因为自己学历不够，眼睁睁看着别人把自己的简历扔进垃圾桶；不想因为没钱没能力，无奈放弃爱人。

以前总觉得，我一定要怎样怎样，现在常觉得，我何以怎么样？就如那句话，自由不是想做什么就做什么，而是不想做什么就不做什么。过好自己的生活，做想做的事情，守护想守护的人，其实已经很不容易。

生活就像一张大网，人情往来，悲欢离合，稍一放纵，就可能被网住，动弹不得。你只有不断蹦跶，才有可能某一天挣脱生活的束缚，获得自己想要的自由。

而多少人，蹦来蹦去也没跳出自己的网，又有多少人连跳都不跳，束手就擒，甘愿被生活五花大绑。

做不做事，努不努力，都是自己的选择。有人生来就在云端，玩乐享受，也不过是生活常态。而你，想想自己有没有那样的资本？

退一步说，就是没有那样的资本，选择怎样的生活方式，旁人也无权干涉，无权置喙，只是，自己做的事，自己担责就好。

## 04

接近一年半的研究生生活，看似波澜不惊的生活表象下，其实已经翻起巨浪。工作、能力、对象、父母，每个都是身上的责任。回家也好，和朋友聊天也好，基本离不开这几个话题。

不喜欢别人问自己工资多少，不喜欢被三姑六婆问有没有对象，不喜欢被岳母三堂会审什么时候买房。之所以不喜欢，是因为自己没做到。仔细想想，他们并不需要这些问题的答案，需要答案的，是你自己。

任何一个有担当的人，想把生活过得舒坦，都不可避免要付出艰辛努力。落实到生活里，不是什么诗和远方，而是柴米油盐。

所以，别嫌鸡汤太腻，有一天，当你一步一个脚印走出自己的人生时，你也会一口一碗鸡汤说给年轻人听。小伙子，你看我当年就是这样过来的，努力吧。

说未来太遥远，看当下才可靠。你过着怎样的现在，就会勾勒出怎样的未来。所有事情都有迹可循。不要抱怨，不要急躁，一步步来。

不要等到人到中年，身边都是依靠自己的人，才觉有心无力。趁着你还有体力，有精力，还不多去折腾几年。

引用肖骁的一句话结尾吧，不要装，认真努力。毕竟，不努力，哪有选择的权利啊。

# 同龄人已经月入 10 万，你还在纠结早上几点起床！

*01*

上周和朋友吃饭，去的路上，朋友告诉我，今天的饭局上有个很厉害的小伙子。

我做了一番心理建设，能得到朋友认可的人，看来是真的有两把刷子。便问，他做什么了？

朋友告诉我，作为一个新手，四个月时间里，那个小伙子赚了 40 多万，要命的是，他还是个 97 年的大二学生。

听完之后，我很不争气地惊掉了下巴，现在的 95 后都这么强势了嘛！想当年，我读大二的时候，傻得像个笑话；现在，比以前好点，可还是傻得冒泡。我一下子觉得自己白长几岁了，心理不平衡了，开始做白日梦了。

朋友看出我的小心思，说："你做不了这个，这玩的是心跳，这小孩上个月亏了五六万，还笑嘻嘻的，面不改色。你呀，还是适合踏踏实实的。"这话听着别扭，可我也着实服气。因为，我对自己认识还算清楚：这样的大起大落，不是我这种四平八稳的人能承受的。

看来，有句话说得对：可惜我只有一颗挣大钱的心，没有挣大钱的命啊。

## 02

饭桌上，见到那位97年本尊，外貌衣着与我等普通人差不多，但有限的时间里，我还是看到了他身上的与众不同。

同桌的十来人里，他不怯场，丝毫没有学生气；谈论业务知识，有理有据，专业老道；最后买单散场时，他一一道别，滴水不漏。这样的年轻人，很难不让人记住吧。年轻有为未必需要西装革履，少年得志也可意气风发。他敢拼敢打的样子，让年轻的自己闪闪发光。

坦白说，在这样自带光环与气场的人面前，我是自愧不如，瑟瑟发抖的。可是我也明白，没有走别人走过的路，见别人见过的人，经历别人的故事，就不要可怜兮兮地羡慕别人的拥有。

因为，每一次成功背后都是劫后余生。那是别人以身试法亲力亲为的结果，你没有勇气与力量，就不要瞎比较，空羡慕，自寻烦恼。

所以，遇到这样的人，我先是惊讶，后是赞叹，再是欣赏。正是，隔行如隔山，每一行都大有可为。与其削尖了脑袋也想分一杯羹，不如去交一个跨行的朋友，回过头来好好在自己的领域深耕细作。

只有自己本身就是一个有实力的人，他日再相见，才不矮人一截，不怯于气场，亦不失于姿态。

从前我一直认为，人要全面发展，齐头并进。后来在长期的实践中，却发现这一观念实现起来很难，因为顾了左边就顾不了右边，补了西墙就拆了东墙。

人的精力是有限的，很难同时做许多事，同时想把所有的事情做完美就更难了。也是在不断的调整中，我才想通，全面发展必须有个前提：那就是你必须有一样真正的专长，一项核心竞争力。正如采铜老师所说，所谓 T 型人才，必须先有一竖，才能立起来一横。

《倚天屠龙记》中，张无忌掌握九阳神功精髓，在乾坤一气袋中被玄阴指攻击，于是内内外外真气激荡，全身数十玄关一一冲破，神功大成，无人有此遇。从此学乾坤大挪移、龙爪手、太极拳、圣火令神功，都不在话下。有了九阳神功这一支撑，张无忌学其他各路功夫自然融会贯通，搭建起自己的武功体系，活学活用，无人能敌。

倘若没有某项专长做支撑，学了再多东西，了解再多领域的知识，也只是个跑龙套的。

说起天文地理都知道，但是没有一样是拿得出手的，没有一样是一招制敌的，实际上，这样的情况很危险。

因为，看起来自己什么都会，实际上是什么都不会。

03

我一直是个闲不下来的人，读大学那几年，做了许多尝试：家教、英语演讲、销售、摆地摊、股票、ACM（国际大学生程序设计竞赛）、骑行、青旅志愿者……现在想来，当初做了很多无用功，也浪费了许多时间，最终也没有折腾个结果出来。有点遗憾，但不后悔。

那些日子，除了自己记得，没有人会在意。可我也庆幸，自己能走过武汉的大街小巷，练就了不轻易迷路的本领，学会独处和自力更生，而不是躺在被窝里，纠结早上几点钟起床。

在尝试中，我深切体会到，大学真的是一个人犯错成本最低的时候。因为，出了大学校门，你不会再心安理得地向父母伸手要钱，也不会再有人容忍你的莽撞无知。

只有经历了社会的洗礼，你才知道大学那几年的空气是多么的自由，多么的清新，多么的珍贵。

有人说，大学是一座整容院。我深表赞同。进校时，有些人是虎落平阳不得志，也有人是鲤鱼跳龙门沾沾自喜。但这都不重要，重要的是，四年光阴过去，毕业找工作时，注定优胜劣汰。但那时，你是胸有沟壑，还是腹内草莽，一看便知。

　　总之，想拥有举重若轻的姿态，必先有过人的一家之长，而这，需要不为人知的努力。

## 你活得越积极，生活给你的奖励越丰厚

*01*

没事的时候，我就喜欢跟朋友聊天。一是唠唠闲嗑，说说废话，增进感情；二是，我天性好奇，喜欢听新鲜事儿。

来学校收拾完之后，终于闲下来。打开微信，刚好看到一个学妹发消息，大意就是她从某个平台上看到我，准备考研，所以也想和我聊聊考研的心路历程。

才几句聊天，就能看出学妹很踏实，也很肯干，简单来说就是，做事很积极。首先，她大二的时候已经去过 7 个城市旅游，考了驾照，利用寒暑假兼职给父母买衣服；其次，她热爱写文章，为此已经写了几十万字，在自己的公众号上积攒了一批志同道合的小伙伴；现在，她想成为更好的自己，所以打定主意要考研，希望去更大的平台上成就更好的

自己。

她原话是这么说的："如果我都没有努力过，那我就真的不可能享受到更开阔的资源和平台了。"

嗯，一个大三学妹，过得积极且投入，有态度，有干劲儿。这才是二十多岁该有的样子，不服输，不认命，不放弃任何一次改变自己的机会。

## 02

聊天过程中，除了种种对未来的期望，学妹的担心和害怕也是真实存在的。她担心自己想得太简单，她担心自己考不上，她担心自己没有竞争力。

其实，学妹的这些担心完全多余，事实上她已经在未雨绸缪。在大学这个极其宽松的环境里，但凡有态度又有行动的人，一定会很快脱颖而出。因为，在大学里，目标明确的努力和坚持太少了，而人云亦云和随波逐流又太多了。

很多人混迹其中，并不自知。偶尔旷课，偶尔放纵，偶尔睡懒觉，偶尔麻痹自己，偶尔自我感觉良好：起码自己上了个大学。

当自己依附于学校，许多人有一种幻觉：学校厉害等于我厉害。当学校不再是你的依靠时，许多人又有一种幻觉：我差劲等于学校差劲。

所谓幻觉，就是不真实的感觉。而事实是，你的实力好坏不能与学校的实力高低画等号。

所以，最该为你的现状负责的，是你自己。生活是公平的，你若不把它当回事儿，它也不会把你当回事儿。

学妹尝试了很多，忐忑害怕了很多，但她同样收获了很多，成长了很多。这种喜悦与煎熬的体验，是很多得过且过的人无法感受到的。

## 03

我很喜欢跟学妹这样的人相处，和这样的人在一起，脑子是转的，身体是年轻的，想法是活的，未来是有信心的，总之，整个人都能量满满。

相反，我特别怕跟那种老气横秋的人相处，如果是历经沧桑的智慧积淀那也能熠熠发光，但如果是故作老成的不谙世事，那就很没意思了。

生活还这么美，余生还这么长，想做的事情还那么多，想爱的人那么优秀，怎么就一副看透世事，与我无关的假清高呢？

当时代发展越来越快，身边的人都越变越好，你越来越感到迷茫与无所适从时，难道真的不在乎理想与现实的差距吗？真的能够纯粹地安贫乐道吗？

不想积极努力的大有人在，多一个也无所谓。但别甩锅，说你喜欢平凡。

难道是自己跪在佛前苦苦求了五百年也没能如愿，才突然豁达起来，对现状爱得深沉？

还是那句话，踩到屎是你的不幸，坐在屎上哭就是你的不对了。


## 04

幸运的是，自从大学毕业之后，我身边积极上进的人越来越多，消沉放纵的人越来越少。

有工资节节高的好朋友告诉我职场心得，有十几万粉丝的写作大神指出我的不足，有优秀儒雅的导师让人崇敬，还有技术过硬的同伴儿言谈之间闪烁着理性的光辉。

我深知，他们优秀与我无关，但是我也清楚，与这样的人相处，我也能不断挑战自己，提高自己，逐渐变好。

人与人之间的相互吸引一定是存在着共同的磁场，相似的气息，才会成为有联系的人。但每个人又因为起点与个性的不同，所呈现的生活状态千差万别。

所以，我觉得最好的状态是看到差距，并且正视差距，在利用自身资源与努力的条件下，小范围取得改变。

没有人一口吃成一个胖子，也没有人能一下子改头换面。量变到质变的关键，无非是积累的程度。

把每一次的小小成就都当作生活对你的奖励，用最尽力的心、最大的努力，做最坏的打算，迎接最让人喜悦的结果，这种实实在在感觉到自己在向阳生长的体验不好吗？

你有多积极，生活就有多美丽；相反，你有多逃避，生活就有多狰狞。

## 在你看不见的地方，每个人都在用力生活

*01*

昨天晚上去江汉路吃饭，高中十来个人聚一桌吃虾。等桌的空隙里，我们搬好小板凳，在门口聊了起来。

算算，高中毕业，已经有六个年头了，尽管大家都在武汉，有的人却是毕业后第一次见。和一个以前交集不多的男生聊了聊，他说在考公务员，刚从外地赶到武汉，连考试的书包都没放下。

听他讲起，大学在 A 城市读，家乡在 B 县，却跑到 C 市考检察院。我问他，怎么不考家里那边的？

"家里那边名额少，没办法啊，只能考外面的。"

一句没办法道尽不容易，我也就不再多问了。

坐在红色的塑料椅上，我们有一搭没一搭地说着大学毕业这两年的感受，不再是当年高中混世魔王的样子，多了些

许成熟与稳重。突然之间，我好像发现，原来哪怕是当初跟自己全无交集的人，有一天也会因为生活的机缘巧合而变成可以聊天的朋友。少了偏见，多了理解。

大概，是因为认真生活过，我们对人对事的接纳程度更大了吧。

## 02

前段时间，我状态特别不好，忙碌的学业和工作任务，分分钟能让自己原地爆炸。

有一天，朋友在微信上给我发消息：我感觉最近压力好大了，看着差距越来越大，觉得自己好失败啊。

也许是当时被长时间的忙碌冲昏了脑子，我全然没有顾忌到朋友的心情，竟然一口气向他发了四条消息，抱怨自己压力更大。

可是，我一抱怨完，瞬间就后悔又惭愧了，因为没有人有义务听我的负能量。

正当我为自己的失态表现不好意思时，朋友没有怪罪，反而安慰说，心疼你三分钟。玩笑的话语，很自然地缓解了尴尬。那一刻，我突然意识到，在这个年纪，任何人过得都不轻松。

当你以为自己已经不堪重负的时候，别人或许连倾诉的机会都找不到。所以，别矫情自己，也别小看别人。

## 03

罗曼·罗兰曾说，这世界上只有一种英雄主义，那就是认清生活真相之后，依然热爱生活。

对此，我深以为然。我们不会和小朋友讨论工作的辛苦，也不会和十几岁的少年谈婚姻的琐碎。只会在真正上班后，和闺蜜吐槽挣钱不易，在体会过生存的窘迫时，和父母认真谈谈心。

一边接受现实的不尽如人意，一边主动寻找现实的各种可能性。虽然偶尔还是会不爽，但大多数时候，依然踏踏实实地过每一天。

就比如，明知每天一个半小时的地铁实在煎熬，但还是早早定好六点半的闹钟起床；明知工作已经让人疲惫不堪，但还是会接单子周末继续加班；明知自己创业前途未卜，但还是为那一点点可能性使出浑身解数。

看，你以为自己已经活得够投入的了，却不知道每个人都在用尽全力。

## 04

记得之前，在网上看到一段话。大概是说很多人 18 岁上大学，大二意识到自己混了两年，开始努力，然后 22 岁毕业，找了一份不好不坏的工作。

工作几年后到了 26 岁，发现随份子的红包越来越多，于是开始回家相起了亲。看了很多个都找不到当初那个人的感觉，慢慢也就接受了顺其自然的借口。

直到有一天遇到一个跟自己遭遇差不多的人，你对他说"我觉得你挺好的"，他也回应"我觉得你也不错"。然后就是结婚生子，仿佛按照固定模式地生活。哪怕是你心中还有所愿所想，也全都埋在心底，甘愿做一个平庸至极的人。

说实话，看到这段话时，仿佛感觉胸口被打了一锤一样难受。原来真的是这样，很多人用尽全力，也只是平凡地活着。

至于年轻时撒的野，爱过一个人的撕心裂肺，还有曾经对抗世界的无所畏惧，全都成了过眼云烟。

想想，这样失去信仰的生活挺可怕的，也挺可悲的。

庆幸在我心里，一直有一股倔劲：人可以平凡，但是不能平庸。允许自己偶尔放飞自我，但也一定要满血复活。毕竟，连自己人生都不操心的人，要么是太自由了，要么是没救了。

## 哪有什么天生坚强，不过是认清现状

*01*

　　闺蜜心情不大好，找我聊天。似乎是压力过大，她的兴致不高，话里话外有些失落。

　　我秉持着一贯不太会安慰人的作风，跟她说，找些事情转移注意力，忙碌起来也许就忘了自己为什么不开心了。闺蜜问我："你是不是生活得特别有条理，不会把自己的生活搞得一团糟，很羡慕你，目标清晰。"

　　听到闺蜜对我这样的评价，心里有些庆幸，又有些说不出来的滋味。庆幸的是，看来我一直行事有度，很少失态；酸涩的是，我经历那些很难过的时候，原来真的没人发现。

　　我回复闺蜜："大部分时候生活比较井然有序吧，但遇到特别大的压力和挫折的时候，会崩溃。"

　　闺蜜说："总觉得你是压不垮的，很佩服，不像我丧里丧气。"

我不知道为什么会给人这种错觉，相反，我常觉得自己弱弱的，这也不行，那也不敢，甚至不敢把自己的坏情绪让人知道，不敢暴露自己不够好的那一面。

后来，仔细想了想闺蜜的话，为什么我对自己的认知与别人对我的印象并不一致呢？回忆之后，确实发现，原来自己很少在朋友面前哭穷哭惨，甚至对亲近的父母和闺蜜，也很少透露过压力和难处。

就算偶尔有抱怨，也都是吐槽和自我调侃之后，该干什么就干什么，回归正轨。不太喜欢和人说自己有多难受，多烦躁，因为负能量说出来不仅不会改变自身处境，甚至可能让现状更糟糕。

但外人看到的坚强，并不代表真的心如钢铁。只是，坚强用来防御，温柔用来降落。

我想，之所以不在低谷的时候求安慰，可能是，不想让自己太狼狈了吧，真的崩溃难过的时候不会说，缓过来了才轻描淡写一句。

毕竟，生活的每一寸时光都要自己亲自度过，没有人可以代你感受。

## 02

凡事都有两面，有好就有不好。闺蜜羡慕我生活有条理，不会因为突然的意外和坏消息就让生活停滞不前。

可是，任何一次蜕变都意味着曾经失去过一些东西。也曾在名企招聘中感受过残酷的淘汰，也曾在寒暑假工时体会过挣钱的艰辛，也曾经历过摆摊设点的风吹日晒，还熬过深夜为感情过不去的坎。

别人经历过的那些迷茫、心酸、痛哭流涕、恨命运不公，我也都经历过。只是，烦恼与焦躁，除了印证自己一无是处之外，还有什么用呢？

初入社会的胆怯，工作的挑战，高昂的房租，周围人的你追我赶，地铁的飞速运行，哪样能让你躺在床上哭个死去活来，睡个昏天地暗？

沉浸在坏情绪里不会让生活有转机，只有自己主动走出去，才可能摆脱困境。

没有人天生坚强，只不过是认清了现状而已。

人都有懒惰的因子，有时候，支撑我们向前的并不是前方梦想的光芒，而是身后的深渊万丈。


## 03

读中学的时候，我特别喜欢摘抄，那时读过很多耳熟能详的名言警句，其实全是前人总结的经验道理。

比如，"宝剑锋从磨砺出，梅花香自苦寒来"，"意志引人入坦途，悲伤陷人于迷津"。那时候不明白这些感悟的重量，直到一点点正视生活时，开始对这些话有了更深的理解。

归根到底，我们愿意承受暂时的磨难，愿意反抗现实的压迫，愿意为了一个看不清的未来去努力，都是为了获得力量，只是途中顺便学会了坚强。

　　拥有力量，意味着你可以抵抗未知的风险，可以应付突然的变故，还可以不在意别人的眼光，行走在生活之上。

　　而所有这些，代表着稀有的选择权。

## 越是坚持不下去，越要坚持下去

*01*

你有没有这样的时刻？

领导催你这周把方案改改，扬言说再改不好就不用来了；拖着疲惫的身体下班回家，却发现因为忘交电费家里一片漆黑；你打电话给男朋友牢骚几句，男朋友却说异地的感情太难了。

生活一团乱麻，工作压力巨大，感情甚至也看不见未来，一切似乎都不顺利。上司的严肃、在外漂泊的孤独，还有男朋友的不体贴，每分钟都让人有想放弃的念头。

你想不明白，为什么看起来人人都光鲜亮丽的城市里，自己却过得这么累，这么窘迫不堪？

"那份工作也没有多好，要不甩手不干吧；感情坚持太难了，放弃吧；大城市的压力太大了，要不回家吧。"心里的想法很任性，但事实上你从没有真正任性过。

偶尔你会在心里吐嘈一两句，偶尔也会委屈得说不出话，可最终你还是选择再坚持一会儿，再坚持一会儿。

或许因为这是你第一份工作，不想被炒鱿鱼；他是你认真爱的人，不想这么潦草收场；你才二十多岁，怎么甘心这么早就认输。

你想再坚持一会儿，至少坚持完今天。

## 02

是的，不为别的，我从没想过坚持到感天动地，只是想坚持到不愧自己。

记得我第一次去一家大公司实习的时候，内心忐忑得不行，害怕自己做不好，更害怕自己会搞砸。人说怕什么来什么，果然我上班的第一天，就被甲方的需求搞得晕头转向。

虽然来公司之前也看了相关书籍，做了一些功课。但当我实实在在看到那一堆抽象的代码时，内心几乎一秒崩溃。

没办法，我只得像个小学生一样，三番五次找组长问问题。一天摸索下来，在各种思路的拉扯中，整个人已经彻底凌乱。

上班第一天的 8 小时，似乎比平常的一个星期还长。人对于痛苦日子的感受，总是比欢乐日子的感受更敏感一些。

第一天我几乎就要打退堂鼓了，但转头一想，好歹要把第一个任务完成再退呀。于是，回家之后，我开始在网上看视频和教程，甚至于睡觉之前，耳机里还放着网课。

就这样临时抱佛脚了一周左右，终于在周五完成任务，客户需求完成了，我终于松了一口气。与问题同时消失的，还有自己心里的畏难情绪。我想的不再是跳过问题，而是解决下一个问题了。

短期的坚持不会带来翻天覆地的变化，却能带来看得见的变化，然后让人越发渴望变得更好，从而忘记自己正在坚持这回事。

相信，很多时候让我们坚持下去的不是自己，而是高压之下的驱动力，归根究底，因为高压之下的探索力和解决力是最强的。当然，这并不是鼓励人都把事情拖到最后期限才执行，而是说，当你没有退路的时候，不得不硬着头皮上的时候，一定不要先被自己的情绪打败。

因为相比坚持的理由，放弃的借口实在太好找了。

## 03

何止是工作和做事呢，坚持一段感情也比放弃一段感情难得多。

吴哥刚毕业工作那会儿，面临着很多男生都会遇到的难题：能力很一般，丈母娘很凶悍。他和女友的感情，也陷入了被父母棒打鸳鸯的怪圈，几次面临分手。

所幸吴哥是个踏实靠谱的人，他需要时间成长与成熟，却从没想过要牺牲女友与他的多年感情。毕业那年，为了挣钱和快速提升工作能力，他几乎没有休过一天假，最奢侈的时候，也就是早上睡懒觉到十点多。女友看到为了这段感情这么努力的他，也安心了不少。

虫子会有蛰伏期，人也会有积累期，撑过了这段难熬的日子，终有一天厚积薄发。第二年，吴哥的工作和薪水都上了一个台阶，更重要的是，他珍视这份感情如初。

丈母娘看到吴哥的踏实上进和真心相待，也没有过多阻拦了，两个人的感情迈过了学生时代，在生活的考验下又多了几分厚重感。

为什么很多人羡慕从初恋到结婚的情侣？大概就是因为他们一起经历了太多生活细节、太多想分手的时刻、太多想放弃的瞬间，但最终还是因为珍惜对方，选择坚持下去，慢慢开花结果。

的确，不是所有的感情都有坚持的必要，但是，我们真正要去坚持的，应该是判断过后，这个人、这件事是值得的，是我希望的，是有意义的。

而不是单纯被眼前的畏难情绪吞噬之后，只想用逃避面对来获得暂时的快感。

因为这样的话，等到下次想起的时候，我们面临的将是更大的痛苦和后悔。

对于感情，我向来的态度是，从没想过死不放手，但是说再见时，至少给彼此一个交代。如果注定是浪费，那么就浪费得更有意义一些。

*04*

所以，坚持有时候是为了能够交差，有时候是为了有所交代，有的时候是为了实现对自己的更高要求。

不管是哪一种，都说明愿意坚持的人，其实是最懂得主动面对的人，而不是习惯性当逃兵的人。

上坡的路有多难走，陡峭的山有多难爬，在黑夜里摸索的感觉有多糟糕，种种种种，这些无法马上达成心愿的体会我们都曾有过。

但是爬上山顶的一望无际，学会一项技能的信心大增，以及克服未知恐惧后的受益终身，其实都是坚持的奖励。有句听起来遗憾不已的话，我们都听过：最痛苦的不是我不行，而是我本可以。

我想，如果非要解释坚持的意义，这句话足够了。

## 努力真的有回报吗

很多人都在踌躇满志或者筋疲力尽的时候问一句："努力真的有用吗？"

关于这个问题，答案是肯定的。前提是，你的努力也是真的。

努力还分真假？

是的，努力不仅分真假，还分多少，更分优劣。这不是在说，你应该计较如何才能用更少的努力获得最大的成果，相反，这是说，你在何种处境应该匹配怎样的努力。

天下没有免费的午餐，这话几乎是至理名言，尤其当你渴望拥有一些东西的时候。前天上班，我正在作图。一个很早就加过微信的朋友，给我发来一份约稿合同，希望能够合作。我当即看了合同，说实话，看到单篇稿费的时候，我是受宠若惊的，几乎够我两个月的生活费。于是，我很爽快地答应了。马上开始想角度，想话题，抓住每一次来之不易的机会。

当我还沉浸在天降好运的幸运中时，之前在读书会认识的班长，又给我带来好消息，这次是约一个书稿，同样价格不菲。然后我这一天上班都在欢欣雀跃中，虽然外表很平静，但心里着实高兴。也许好运也是有感应的，一个接一个能砸晕人。晚上，一家知名互联网职业部编辑发来消息，同样希望能够合作。

由于对职场不是特别有发言权，也担心自己力不从心，就拒绝了他。一天之内，我收获三份机会。放在去年的4月，我一定不敢想今年的自己能有这样的机遇和资源，但是现在，这些机会真的主动来找我了。

我不敢掉以轻心，一样兢兢业业。因为我清楚地知道，一个人努力有多孤独，又有多容易放弃。


*02*

努力这个词已经烂大街了，甚至很多人已经开始自动免疫了。不过这没关系，因为，一件事物有没有用，取决于这个人需不需要。

我现在并不认为一味地努力，能够带来人生重大改变，但我承认努力的好处，尤其是对于从未拼过的人。当你真的无视一切阻碍，铁了心想改变，不再发朋友圈求关注，而是低调地做事时，好的反馈也许已经在路上了。

如果一定要说一个期限，那应该是三个月，我心里的经验数字。

因为三个月是业绩的一个评估周期，是考研的关键期，是你熬过实习期，转为正式工的时间。

没有坚持到三个月的努力，不要说努力没有用，也不要说自己做不到。凭什么你努力一个月，就想获得努力一年的结果？

公平，也是一以贯之的。真正付出多少，就收获多少，这很稳定。


## 03

那么，回到一开始的问题，努力有没有回报？

以三个月为周期，你或许已经认真复习，考过了四六级；或许已经锻炼了 90 天，马甲线逐渐明显；或许已经突破了零业绩，工作步入正轨。

最开始的回报，是这些通关结果，给你带来莫大的激励和自信，精神上的满足感，认知上的突破，让你相信，我也可以。

而不再是妄自菲薄，看低自己，更用懒惰和逃避麻痹自己。

你尝到一次小小成功的甜头，就开始想要更大的成功，自然需要更加精益求精，这个阶段，努力只是标配了，还需要其他更多的因素。

坚持三个月，还能继续深挖，说明你是认真的了，正儿八经想做成一件事了。

这过程你会慢慢体会到第一个阶段的红利，它带给你的机会和机遇，以及你想要的金钱和资源。

所以，别想那么多，埋下头认真做事就对了，互联网时代，不会埋没任何一个有实力的人。

至于回报，总结为一句话：努力到一定程度，你想要的，都会有的。

## 你多点主动，才会少些被动

　　记得当初毕业前，我辞掉了实习工作。回到学校后专心写毕业论文，一起讨论时，一位同班同学十分烦躁："我现在一边忙小论文，一边找实习，还被老师催着赶项目，压力太大了，更别提多被动了。"

　　当时的她看起来很焦虑。作为同学，她的处境，我可以理解，但也仅限于此了。被动的状态并不好过，仿佛被束缚住手脚一般不自由，想挣脱，但是绊住自己的东西太多。

　　可是，被动并不是突如其来的，它一般是长时间不作为的结果。因为，所有眼前的被动，不过是来源于从前的不主动。

　　或许，我们并不记得时间花在哪里，但生活一定帮我们记着账。面对生活的纷繁复杂，人们总说难得糊涂。可是，从来没有人实现目标，是靠糊涂开路的，相反，面对未来，越早准备的人，越容易达成所愿。

我的一个室友，前段时间刚找到一家外企实习工作，数据分析岗，坐标杭州，工资不错，她很满意。这家公司很大，专门做数据库，属于互联网企业里实力雄厚的公司，招人自然也不含糊。

在室友之前，一个有过两次系统开发经历的同学也面试过这家公司，但最后在主管面试环节被淘汰。所以，当室友收到录用通知开心得冒泡的时候，我们都表示佩服。没有人觉得是她运气太好，都觉得那是情理之中。因为，非科班出身的她，在这两年，写了多少代码，调了多少 bug，只有自己知道。

"我学 R、Python 并不是跟风，而是自己想清楚了要学技术，还是对这方面感兴趣一些，所以找工作我也只投数据分析，不纠结其他岗位。"室友总结自己的准备过程。

确实是这样，对普通人来说，从来没有一蹴而就的成功，只有砥砺前行的奋进。

主动，便留下；不主动，便出局。

02

从前，我听过不少伪道理。比如，船到桥头自然直，顺其自然，平凡可贵。后来，我独自撑过考研的孤独，熬过为前途担心的夜，还有体会过自己挣钱的艰辛，才明白，这世界没有一劳永逸的事情，也不存在主角光环，更不会有莫名其妙的奇迹。

因为，天上不可能掉馅饼，只会是陷阱。所有的细节与雷坑，我们只有亲自经历过，才知道哪条路更适合自己。在不断的尝试与试错中，人才会确定方向，明确目标，再脚踏实地坚定走下去。

而反观那些一再放弃权利，甘愿被生活安排的人，宁愿忍受退无可退的窘迫，也不愿承担向前一步的风险。久而久之，就会变成现实世界的局外人。他们也许工作处处碰壁，做事诸多不顺，就算是遇到骗子、坏人的概率都会比别人大很多，因为知之甚少，所以更容易被欺骗，被套路。

回头看看，原来那些曾经保护自己不受伤的退缩，有一天终于变成内心的不甘反噬自己。树挪死，人挪活。自己不主动找出路，就只能给别人铺路了。

听过很多人大喊迷茫，烦恼于不知道做什么，包括自己，有时也会陷入"这样做有没有结果"的怪圈里。可是，我们太容易忘了，将欲取之，必先予之。只有主动去准备、去靠近，才有考虑结果的必要啊。

而且，越成长就越能感觉到，很多事情并不是靠外界来衡量和约束的，而是自己在心里有把尺子。

要知道，当高考完进入大学，就不会再有人斥责你上课开小差；考试挂科，也不会有人罚你通知家长；即便是犯了错，别人在心里已经将你淘汰了，但嘴上还是会说以后再联系。

过了 18 岁，大家都是成年人，除了父母，没有人告诉你这个世界的规则，全靠自己摸爬滚打，慢慢体会。

也许你担心上当受骗，也害怕自己玻璃心脸皮薄，更怀疑付出多年心血最后一场空的结局，于是，过早地放弃面对，退缩到舒适区内，至于那些会让你感到不确定、不安全、恐惧的事情，你都敬而远之，哪怕你明白做那些事情很重要。

可是，害怕面对是没有用的，如果一直畏畏缩缩，不去尝试多种可能性，就算在网络上看遍全世界，也不过是没有灵魂的人生而已。

我想，一个人开始长大的迹象，大概就是不再逃避主动面对了吧。在这个过程中，学会脚踏实地，同时也学会坚守本心，做一个眼睛里有经历、内心有沟壑的人。大概，这就是人们常说的成熟稳重吧。

*03*

主动面对的人，自然多一分认真生活的游刃有余；而被动等待的人，常常陷入迫不得已的尴尬中。

比如从来不学着存钱，等到某一天紧急情况，才发现求人有多难；从没想过多学技能，等到高科技取代自己的工作时，哭着说自己什么都不会；更不会主动建设身边人的关系，等到关系破裂，才想着挽留和后悔。

唉，早知如此，何必当初呢。

王小波说，那一天我 21 岁，在我一生的黄金时代，我有好多奢望。我想爱，想吃，还想在一瞬间变成天上半明半暗的云。

其实，我们每个人都能看见自己的欲望和想法，都是吃饭喝水的人，不可能心无杂念，有三千烦恼丝，自然就有三千想法。

只是，你的想法一点不重要，人们关心的只有自己。所以啊，活在别人的坐标轴里其实很不值，人只有开始意识到为自己而活，为自己而努力，也许才会真的有所改变吧。

毕竟，生活越来越好，都是从选择主动改变的那一刻开始的。

## 优秀是一种习惯，希望你也有

*01*

记得曾经和导师讨论论文方向时，导师发现我的想法和他妻子的研究课题有相似的地方，于是导师让我多和师母沟通。

正愁有个很疑惑的地方解决不了，所以我很自然地接受了导师的安排。其实叫师母显得把老师叫老了，就叫邓老师吧。和邓老师讨论时，我发现她思维敏捷，逻辑清晰，并且一语中的解决了我的疑惑之处。

关键，她厉害的地方还不止于此。除了耐心做学术之外，她还要照顾两个小孩，而且她的脸上丝毫没有疲惫的感觉。

那天，邓老师穿着很朴素的衣服，脸上也没有过多粉黛，但是我从她身上看到了一个常被人提起的词：气质。

的确是这样，她不是那种明星网红的漂亮，但就是让人感觉到一种很舒服的美。

后来，周五晚上她给我传论文，发消息说刚好看到一篇相关的，让我仔细看看。一看时间，那时候已经晚上九点五十了。这个时间，很多人可能已经躺在床上看视频、玩游戏了，可是多重身份的邓老师，依然在看论文。

那一瞬间，我想起亚里士多德的一句话：优秀是一种习惯。

## 02

说到优秀，我想讲讲现在碰到的这群同学。

宿舍6个人，除了其中1个出国留学之外，其他人都还在校。我们专业不用每天做实验、跑数据，但是大家很有默契地早出晚归去自习室。

也许是沉下心来看论文然后发表，也许是学一门技术，也许只是认认真真完成课程作业。

没有意外情况，一周有6天都在自习室，早上八点出门到晚上九点半。几乎从研一到现在，除了节假日，风雨无阻。

要是放在本科，这样的宿舍应该可以称为学霸宿舍了，但是在目前班上，很多人都是如此，自习室座位一座难求，就知道大家有多积极了。

没有人强制要求到自习室，也没人逼迫你认真学习，但是大家偏偏很自觉踏踏实实做事。

我们还是会为找个什么样的工作而迷茫，为以后过什么样的生活而担忧，可是，大家都学会了把执行力贯穿在每一天里。

所以，室友都找到了不错的实习，更对正式踏入社会多了一分底气。

我想，室友接近两年的勤勤恳恳，终于换来实习的顺利，应该算是对"优秀是一种习惯"的最好注解吧。


*03*

记得曾经看《自控力》一书时，里面提到意志力是不可靠的，尤其在压力过大时，意志力会反噬自己，让人更加拖延，严重的甚至直接导致崩溃。

因为，意志力是存在极限的，每一次成功克服困难的经历都会损失有限的意志力。

所以，书里提到一个观点就是，好的习惯才是解决问题的关键因素。因为习惯一旦养成，人们做事情靠的是开始行动的自然而然，而不是不得不做的挣扎。

看到这个观点时，我有一种醍醐灌顶的感觉。为什么优秀的人好像什么都干得好？因为他们一有态度，二有执行力。

优秀成为一种习惯，首先就是心理层面的内化。比如，有些人学习认真踏实，社团班委也积极尝试，找工作实习提前试错，对自己的某些方面、自己的未来都有一定的要求。

简而言之，就是有追求，有上进心。这一类人，你和他们聊天，能感觉到蓬勃的生机，而不是什么都无所谓的老态龙钟。

可是，光有上进心还不够，因为，想太多不去做，容易成为积极废人，还会导致焦虑。于是，"优秀是一种习惯"的高层次就是，真实有效的行动。这其实就是常说的，想到和得到之间还隔着做到啊，做到与否才是决定成败的分水岭啊。

所以，把优秀变成一种习惯，其实是心理层面的内化与行动层面的执行，两者叠加之后的必然效应。


## 04

我们常说，性格决定命运，而习惯又决定性格。好的习惯能让我们日益精进，坏的习惯却让我们与理想的样子越来越远。

回想一下，高中时期，哪怕最不爱学习的学渣，也能保证每天早起，坐在教室；而上大学之后，多少当年的学霸慢慢变成了早起困难户，戏称自己变成了学渣。

学霸到学渣很容易，学渣到学霸就难了。就像养成一个好习惯可能要很久，养成一个坏习惯只用一次机会。

但也正是如此，才凸显优秀的人那么闪闪发光，让人羡慕。其实，如海明威所说：优于别人并不高贵，真正的高贵是优于自己。于自己而言，优秀是一个比较级。

今天比昨天付出得更多了，坚持得更久了，思考得更透彻了，你就变得更好了，更优秀了。其实，把每一件力所能及的事情做好，就已经是在践行"优秀是一种习惯"了。习惯会变成本能，而将优秀内化为一种本能的人，又怎么可能不会越来越优秀呢？

所以，优秀并不需要什么天赋，如果一定说要有，大概就是不断练习，养成好习惯的耐力与坚持吧。

## 决定你生活质量的，是下班后的时间

闺蜜微信发来消息，问我在深圳适应得怎么样。

我实话实说："刚来很多东西还不太会，每天下班自己学习，这会儿正在看视频呢。"

闺蜜鼓励说："刚出来工作都这样，你的起点已经比很多人高了，别心急，一步步来，你能做好的。"

听闺蜜过来人的口气，我心安了不少。便问她："你最近忙什么呢，怎么也没看到你在群里吱声儿。"

"我最近学游泳呢，每个周末都去，真是下班比上班忙，我也刚下地铁，快到家啦。"

我看一眼时间，那时已经晚上十点多了。闺蜜独自在上海，努力工作之余还争分夺秒提升自己，甚至连周末也不放过。想想，也难怪闺蜜的工作和生活越来越丰富。

常见她在朋友圈里分享生活：可能是下班回来给自己买束鲜花养一个星期；可能是周末做一顿精致的餐食；可能是去外地旅游的美照。

闺蜜的生活正是印证了一句话：从来没有无聊的生活，只有无聊的人。工作做久了自然枯燥无味，可是工作之外的时间却是因人而异，有人日复一日一成不变，有人士别三日五彩斑斓。

在于，除了西装革履的 8 小时，你怎么度过下班后的时间。

## 02

因为写文章的缘故，从读书会认识了不少厉害的人。他们大都深藏不露，十分低调。

记得第一次认识小星时，她在读书会负责签到，那时候只觉得她是个很文静的小姐姐，并没有过多接触。

后来慢慢熟悉之后，才知道原来小星是个有大能量的人。如果说，有的人属于第一眼就惊艳，有的人属于耐得住时间的检验，那么小星就是后者。

她在国企工作，却丝毫没有给人上班悠闲的感觉，相反，她是个很能折腾的人。她花费两年时间耐心打磨文章，树立个人形象，并有意识经营自己的朋友圈，逐渐成为朋友圈管理达人。

看小星的朋友圈是一种享受，没有打广告的反感，也没有炫耀的嫌疑，更不会有矫情表演的成分。而是，真的让人感受到：原来，这是个认真生活、努力向上的姑娘；原来，真的有人把生活过成温暖励志的模样。

而这些成就和标签，正是小星在下班后的时间打造出来的。最开始，她利用业余时间报课学习，尝试学以致用，后来她精益求精，在朋友圈开启第二职业：朋友圈文案咨询。

下班后还能让人愿意做的事情，一定是热爱与自律的产品。因为，没有热情就没有动力，没有自律便没有坚持。

小星开启朋友圈打造咨询之后，收获的不仅是金钱和好口碑，更是好人缘和自我的丰盈。就如她的话所说：30岁有点赚钱的小技能，想赚钱给自己在乎的人花，而这些竟然是我通过下班后的时间做到的。

大多数人没有机会做自己真正喜欢的事情，那么工作不过是生存，真正的生活其实在下班后。

## 03

我见过有人在菜市场为了几毛钱斤斤计较，也见过有人为了提升自己去听4000元一场的讲座。他们都是切切实实要面对生活的人，只是有人选择坐以待毙，有人选择主动出击。

有过工作经历的人，都能明白下班回来只想瘫在沙发不想动的感觉。一天的工作下来，除了防止工作出错必须神经紧绷之外，肩膀和眼睛也是酸涩得不行，再忍受一小时人挤人的地铁，拖着身心俱疲的身体打开家门的那一刻，只想放纵自己随心所欲。

这种感觉太正常了，也太能说服自己心安理得了。可是，长久下去，让人满足的东西，也往往是让人禁锢的东西。

因为慢慢地你会发现，上班的 8 小时不足以支撑你活得更好了。当你迷上世界那么大，我想去看看的时候，才发现囊中羞涩；当你想跳槽谋高薪时，才发现进退两难；当你遇见一个怦然心动的人时，首先担心的不是有没有机会，而是自己配不配得上。

这些从前没有考虑的事情，当某一天真正来临时，都会让你措手不及。到那时才会明白，机会一直都有，只是自己抓不住。

很喜欢蔡康永的一句话：16 岁的时候，觉得学游泳没有用，等到 18 岁有女生约自己去游泳时，只好说我不会哎。

何止是学游泳，更是学习一技之长，学习情商，不至于等到突然要用的一天，决定去留的一天，别人有选择权，自己只能被淘汰了。

*04*

我一直信奉，未来是每一个今天的累积效应。一个人时间花在哪里，结果就出在哪里。

如果你想升职涨薪，下班后的时间自然需要钻研业务知识，提升工作技能；如果你羡慕腹有诗书气自华，自然需要多读书熏陶；如果你热爱诗和远方，更是要努力挣钱填满钱包。

这世上，没有任何一种梦想轻易实现，所有的享受与自由，都有着相应的付出与承受。所以，你想要的都要自己去争取，去付出。上班不过是成人的标配，既然你想过高配的生活，就得付出高质的努力，而不是得过且过地麻痹自己。

以前吃饭时，老妈常说，吃饭七分饱就好，往往就是那多出来的几分，让人更强壮。工作之于自己也是这样，七分投入只能差不多，工作之外的三分投入，才决定你的生活质量。

## 第四章

谁还没有心事，只是学会了克制

## 难过的时候有千言万语，到嘴边都变成了"没事"

*01*

有天，许久不联系的一个朋友给我发了条消息："在?"

我回："?"

她说没什么，只是在整理微信的时候发现看不了我的朋友圈，想看看我是不是把她拉黑了。我哭笑不得，赶紧澄清："没有没有，我只是把朋友圈全部删除了而已。"

曾经有人对我说："老蔡说人都有双面性，有的人像偏铝酸钾，而你，像高锰酸钾。"

我向来是个藏不住话，喜欢发说说发动态的人。当二十多岁的我看着自己曾经说出"谁的孤独，挫疼山间呼啸的沧江"这样非主流的句子时，内心不可谓不复杂。

除了幼稚，剩下的就是为赋新词强说愁的矫情，想不出是在怎么样的情景下写出这么酸巴巴的话。然后，我将自己空间的说说删了大半。

后来，不会常在微信或 QQ 上说一些自己的心情，大多数是关于一些具体的事，悠闲惬意。连闺蜜都会说我换了工作之后状态变好了很多，整个人更加积极向上了。

## 02

是什么导致自己行为与心态的变化？大概是成长。人生不如意事十之八九，可与人言无二三。因为你更明白，语言在很多时候，苍白无力。

有个朋友，平时看着十分乐观向上，后来知道她正陷在苦闷的单恋生活里，求不得的苦也没少让她流眼泪。

有人笑着对我说："孤独的第十级是一个人做手术，我已经经历过了，从此往后再也没有害怕的东西了。"除了心疼之外，我不知道说什么。

我们都是这样，苦苦挣扎却永不言弃。只有偶然别人轻描淡写地说起，你才知道，谁都不容易。

我最无法认同的一个词语是感同身受，这个世界上哪来所谓的感同身受，很多时候，你所经历的切肤之痛，在别人看来不过稀松平常。

她能安安静静地听着你倾诉一番就已经算得上是一个值得交的朋友。因为你不知道她正在经历着一些什么，是不是也有不如意，是不是正有一场很重要的考试需要准备，一个十万火急的文件需要递交。

## 03

也曾听说过一个事例：一个姑娘，因为失恋，觉得全天下都欠她的，她的朋友、她的亲人应该全天 24 小时守候待命，如果稍有怠慢就是不重视她，觉得别人对不起她，好的时候小打小闹，过分的时候诅咒、骚扰、离家出走，简直无所不用其极。

最终自己神经衰弱，亲朋好友筋疲力尽。从恋情到生活，从朋友到自己，满盘皆输，这样的人，真的让人同情不起来。

谁都有心事，或因失恋或因失业，或因穷困或因迷茫，你可以抱怨，可以倾诉，可以发泄，可以灰心，但是你不能迁怒他人，不能永远地活在那份情绪至上的生活里。

所以我喜欢和这样的人交朋友，无论昨天多苦，今天依然记得积极向上。

今天会说，我那个领导，把我一个姑娘当爷们用，明天我就不干了。第二天会讲，我得努力工作，证明给他看，我不比谁差。

今天会说，我失恋了，大概要孤独终老了。下次早起，去商场买了一堆化妆品后，大叹我这么美的姑娘，值得更好的人，依旧美美地在职场冲锋陷阵，同时准备迎接下一个春天。

那种天天低头叹息的人，你可以安慰她一次两次，多次之后，往往烦不胜烦。

*04*

现在习惯了独处，心中宁静的时候，会写写文章、作作画；心情烦闷的时候会出去走走，或者听听相声、看一场电影。而不是和年少时一样，只知道说一些不知所谓而且没有任何意义的话。

许多人用 10 个月学会说话，却要用 10 年甚至一生学会闭嘴。我希望你说话的时候娇俏灵动，大方稳重，而不是泼妇骂街，口出恶言，更不希望你怨气缠身，没完没了。

这世界上，谁还没有心事，只是学会了克制。要倾诉的人遍地都是，能倾听的人却屈指可数。

著名诗人普希金曾在《假如生活欺骗了你》里说过："假如生活欺骗了你，不要悲伤，不要心急，忧郁的日子需要镇静，相信吧，快乐的日子将会来临。"

所以，别再见谁都说，你有多辛苦，生活有多不容易。好像谁没有被生活调教过似的。

下次，我希望看见你晒美食，晒旅行，晒成就，晒幸福，我希望你行到水穷处，依然能有坐看云起时的从容淡定。

## 你那么好说话，无非是没原则

小仪在后台给我留言：宿舍的同学晚上看视频笑得很大声，直到很晚也没熄灯，可能我比较好说话，她们根本不在意有没有影响到我睡觉。

"我想不通，为什么她们都不知道为别人着想?"小仪以一个问句结束了不满。

这种情况我也曾感同身受，我沉默了一会儿回复她：你可以试着以适当的方式提出来，告诉她晚上动作小声一点。

第二天，小仪继续留言：我也想提醒她啊，可是其他人都没说，我怕自己说出来不好。

不好? 是哪里不好?

进一步想：如果主动提出来了，室友也表示理解，以后自己可以早睡，对彼此都好。

退一步想：继续做老好人，心里有不舒服憋着，然后对室友心生成见，等到哪天忍不了，彻底爆发。

事实上，鞋里进了沙子，只会越来越磨脚。有些事越是遮掩，只会越变越坏，与其最后难看收场，不如趁早放在桌面上解决。

好说话，不应该是别人随意越界的理由，也不是自己无限放弃权利的借口。

## 02

很多事情，明明一开始有商量的余地，但往往，一再的忍让和迁就，反而带来更大的反弹。到那时，你才知道自己的好说话、好脾气，并不能带来好人缘、好印象、好口碑。

昨天晚上，和小唐打电话一个多小时。她向我倾诉了工作的烦恼与压力，与同事关系的紧张与不安。

刚毕业的大学生，被主管几番排挤，功劳苦劳都被掩饰成别人的业绩，几次被领导谈话工作不认真。小唐最后实在委屈得不行，主动向公司提交全部工作内容汇报，并且要求调换工作岗位。调查清楚之后，公司选择将那个工作懈怠的主管辞退了。

从一开始的委屈和愤怒，到后来的释怀和接受，小唐总结说，在职场上，如果一直好说话，逆来顺受，用自己的能力为别人作嫁衣，是挣不来面包和重视的。

记得有人说，忍一时风平浪静，退一步海阔天空。可是，退让和容忍一直都是追求更大效益的妥协与理解，而非无计可施的怯懦与软弱。

## 03

事实上，这种好说话，说好听了，是脾气好，说直白了，无非是没原则。真正的好说话，是能力范围之内的尽力而为，而不是损害自己的勉强无奈之举。

每当你因为不敢说"不"，最后却要承受更多情绪上的矛盾与纠结，心不甘情不愿地去做事情，把不满和抱怨发泄在其他人身上的时候，你其实对这一切是抵抗的。

你明明有自己的想法和心思，明明有自己的是非判断，明明也有自己的生活和习惯，却还是一再地放低姿态去迁就。

你来者不拒地满足别人的要求，一再地压抑自己的真实感受，牺牲自己的时间和精力在暗地里瞎较劲。

到最后，你从一个好人，变成一个老好人，再变成一个滥好人。别人理所应当觉得，你就该做这件事情，反正你好说话，总会答应的。

可是，你有没有想过，这样一味地退让和妥协，消耗的不仅是自己的时间，更是你对工作、同事的看法和对生活的热情。

这个世界上，没有人喜欢一直受伤害，爱自己才是终身浪漫的开始。

*04*

　　爱自己，就要从明晰界限开始。如今，网络的强连接关系，让人与人之间的距离更近，各种烦琐的事情越多，而坚持原则，明确边界，能够让我们在有限的时间和精力里，更好地做自己。

　　如果说，身体外貌是我们的外在轮廓，是他人识别我们的初步形象。那么，原则底线则是一个人的内在界限，是他人愿意熟识和深交的原因。

　　交朋友需要原则，才知君子坦荡荡，小人常戚戚。

　　工作要有原则，才知权责分明，各司其职。

　　追求成功需要原则，才知乌云遮不住太阳，真金不怕火炼。

　　一个有原则的人，必定是一个有界限的人，他知道什么事情应该坚持己见，什么事情应该包容。而不是，不分优劣，照单全收。

　　我们可以做个好说话的人，但是，更要做个有原则的好说话的人。

## 长大，其实是一瞬间的事

*01*

昨天，堂哥开车送婶婶回家，来家里坐了会儿。堂哥与我同龄，今年刚领证，眉宇间少了稚气，多了许多稳重。

上大学之后，堂哥言谈举止都大气了不少，说话做事也越来越有模有样，早就不是我印象中那个从小玩到大的小男孩。家里亲戚都说，堂哥上大学，长大了，懂事了。其实我知道，堂哥不是在大学里长大的，而是高中那一瞬间。

高三那年，繁重的学习压力之下，叔叔突然被诊断出肠癌。除了叔叔，堂哥是家里唯一一个男性，一向天不怕地不怕的堂哥，变得沉默了许多。

饭桌上，大堂姐安慰堂哥说，你学你的习，爸的事你不用担心，有我和妈。

话还没说完，堂哥一个 182cm 的大男生，在十几个人的饭桌上，拿着筷子，掩面啜泣。

我至今忘不了那一幕，他想哭，却又必须在人前憋回去，只有不发出声音地啜泣。那顿饭吃的寡淡无味，只有筷子碰到碗的声音。

和堂哥一起回学校的路上，他的沉默更深了，我想安慰他，又怕他更担心，于是什么都没说，默默祝福。

看着堂哥走向高三教室的背影，我知道，他心底成长的嫩芽破土了，那一瞬间，眼泪决了堤，但心里多了面对生活的勇气。

## 02

想起自己，也是在三年前那一瞬间成长的。

大二那年元旦，爸爸做生意失败，一夜回到解放前。那感觉就像是小孩端着一盆水，在路上摔了一跤，洒得一干二净。

我赶回家时，看到爸爸失魂落魄的样子和妈妈泪如雨下的脸，心痛难忍。因为那件事，全家人的去向成了问题，后来爸妈商量着出去打工，让弟弟一个人在家读高中。而我当时，也有了退学的想法，所幸的是，辅导员没有批准。

那段时间，一家人聚少离多，爸妈心里更是背着巨大的心理压力，不肯让我们担心。看着从来没出过门的妈妈，也要去靠体力换取一份微薄的工资，我心里是说不出的滋味。

后来，我便不敢浪费时间睡大觉，更不敢得过且过。

弟弟考大学的关键时刻，我要想；爸妈在外工作的安全，我要想；怎样让爸爸赶紧走出那份打击，我要想。太多的事情，我都要想了。后来我才明白，当你开始想一些不曾想的事情时，那是成长的开始。

## 03

如堂哥和我，都是一夜变故，然后逼上梁山。一松一紧之间，才知道，长大真的是一瞬间的事情。

也许是遭遇家庭剧变，做子女的承担起责任，挑起了大梁。

也许是被生活无情地甩了耳光，从此知道低调做人，高调做事。

也许是失去一个重要的人，一夜从糊里糊涂的生活中清醒过来。

生活是个调教人的高手，在某一瞬间的敲打，强过数十年的浑浑噩噩。

痛则思，思则变。而这中间淬炼的过程，琐碎枯燥，还夹杂着反复与动摇，实在不足为外人道。

经历过几回前路堪忧的辗转难眠，几次无人依靠的忐忑不安，几多爱断情伤的痛彻心扉，我开始明白，那些看似平常，实则感到痛苦然后开始反思的时候，才会带来真正的成长。

我也终于分清，长大确是一瞬间的事，而成长却是很花时间的事。

*04*

成长从来不是件容易的事情，其中的过程常伴有阵痛，而成长的结果往往能让一个人走得更远。

所以才有人说，你能承受多大的痛苦，便能承受多大的赞美。痛苦本身不值得推崇，从痛苦中反思，然后努力向上，才会有意义。

有人指引的路，顺顺当当地走，没有过多难以承受的意外，很好。自己摸索的路，磕磕碰碰，学会应对苦难，更学会善待自己，也很好。

其实，成长的过程也许曲折难耐，但从来不是一无所获。因为尝试，收获了勇气；因为挫败，收获了耐力；因为平凡，收获了坚持。

也知道，有些事情，就算拼尽全力还是无能为力，可也正是感到太多无能为力，才要不懈努力。

钱钟书说，天下只有两种人。譬如一串葡萄到手，一种人挑最好的先吃，另一种人把最好的留在最后吃。

照例第一种人应该乐观，因为他每吃一颗都是吃剩的葡萄里最好的；第二种应该悲观，因为他每吃一颗都是吃剩的葡萄里最坏的。

不过事实上恰好相反，原因是第二种人还有希望，第一种人只有回忆。不管是哪种人，有希望的人才会越走越远，回忆永远是过去，真正有希望的存在于未来。

所以成长带给我的，除了事情本身的解决，更是看事情的角度。每次的绝处逢生，都意味着下一个扶摇直上，每一次艰难的经历，都会带来一段深刻的成长。

所以，有苦有难不必止步不前，更不用逃避畏缩，引用加拿大小说家莱奥纳德·科恩的一句话："万物皆有裂痕，因为，那是光照进来的地方。"

## 有多少"为你好"，其实是看热闹

*01*

前两天看到一篇文章，作者大吐苦水，大意就是：二十七八岁的年龄，家里人催着结婚，可是找对象这事，不是去菜市场买菜，付钱就行，找对象要合眼缘，还要合心缘。

她说，越是年纪大了，越是不愿意将就，心里仿佛憋了一口气。国庆回家的时候，看见邻居张阿姨坐在自己的家中，她打了声招呼就回房间了，可是分明听到清晰的对话从客厅传来。

翻来覆去不过是：她年龄不小了，张阿姨想给她介绍个对象，对方有房有车，只不过和老婆离婚了。虽然小然是研究生，可也老大不小了，我是为她好，她呀，别挑花了眼，眼看奔三了，学历不学历的没那么重要。

后来那位作者才知道，张阿姨介绍的男方是个小老板，离婚原因是婚内出轨。

她很气愤地说："到底是为我好还是为了看热闹，如果真的是为我好，起码要介绍一个靠谱的啊。"

## 02

每个人都不是独立存在的，社会关系网错综复杂，遇到的人中，有相见恨晚的知己，有一见钟情的恋人，有相依相偎的亲人，自然也有萍水相逢的过客。

有那么一群人，他们自己的生活太无聊太贫瘠，需要拿别人的生活当调剂品，来增加色彩。

你告诉他们："如果真的为我好，就应该做到理解我、支持我、包容我，而不是一次次地帮我作选择。"

可这样根本就没用，因为他们本来就是看客，主角的故事越曲折他们越开心，因为这样才有看点，茶余饭后才有话题，至于你是怎么想的，不重要，不关心。

大张伟曾在一档节目中说道："因为你不是我，这个世界告诉我很多事情都是对的，然而我自个一经历都是错的。"

这世界上，总有那么些人，打着为你好的名义，其实是为了看热闹，这样的案例身边并不少，以至于后来，我们对"为你好"这三个字避如蛇蝎。

## 03

更细致来说，还有一种为你好，是苦口婆心的劝慰。

你不要再打游戏，应该以学习为重；你该找一个稳定的工作，现在这个工作变数太大、不合适；你应该找一个靠谱的人嫁了，老来才有个伴儿，不至于太孤独。最后都要加上一句看似义正词严的总结：我这是为你好。

要命的是，很多时候，这些话大多来自亲人，他们拿自己的亲身经历当模板，希望你少走一些弯路。这样的为你好，我们可以不接受，但是请理解，因为他们的出发点是好的，他们真的在以自己的方式在对你好。

有人好心干坏事，有人坏心说好心，他人的心是看客心，你不能让自己去当那剧中人。人生的这个剧本，只能由自己来写，他人的意愿只当参考，不能作为准则。

很多人喜欢在网上吐槽，说现在网络环境太杂，遍地都是鸡汤，而有的鸡汤，其实是砒霜，把多少人带入歧途。

我有些反对这样的言论，因为信息本来就是多元的，学了那么多年的辩证唯物主义还有一系列的思想政治课程没有建立起来是非观，靠一句话或者一篇文章来建立，这样的是非观，单薄而脆弱，一撮即倒。

不是鸡汤不好，而是自己缺乏辨析真品的能力。

*04*

然而，一个人精准且明确的判断能力，不是一朝一夕能拥有的。我们能做到的就是多听多看多想，尽量做到取其精华，弃其糟粕，不断反思和实践，才能形成自己稳定并且完备的判断力。

就比如为你好一样，你要能真正分得清谁是所谓的为你好，谁是真的对你好，而不是全听或者全弃，一个成熟的人，要有自己判断力。

人生而不同，要走的轨迹也不同，殊途同归这是万里挑一的巧合与幸运，而不是本该如此的复制与粘贴，甲之蜜糖，乙之砒霜，生活如鱼饮水，冷暖自知。自己的路自己走，你没办法阻止别人的言行，起码，得先守住自己。

或许你所抵触的只是他们说"为你好"时的一副好为人师的样子，而没有仔细思考他们的内容，如果把"为你好"换成"此内容仅供参考"可能更容易接受。所以，当听到这话时，冷静下来，权衡利弊，仔细思考，然后作出选择。

我希望你有心之所向，也有心之所弃，不舍希望，不惧选择，不畏流言，不负真心。如此，甚好。

## 其实，你拥有的比你想象的多很多

### 01

今年上半年去医院看亲戚时，在病房里看到一个姑娘。从我进门开始，她就一直盯着我，也不说话，我偶尔朝她微微一笑，她也回我一笑。

那天是她出院，她妈妈收拾好东西后，和亲戚打招呼说，回去了，你也好好的，早点回家，医院待着受罪。

后来亲戚告诉我，那个姑娘是1990年的，连婚都没结，就得了癌症，已经治了好多年了，那么年轻，唉，可怜啊。

听到这话，我内心颤动。病来如山倒，一点都不含糊。健康这东西，就像空气一样，就是你有的时候不觉得，失去的时候一分钟也忍不了。

那个姑娘看向我的眼神里，或许有同龄人的羡慕和希望，或许有忍受疾病的疼痛与难耐。现在回忆，叫人不忍。

想来，自己常常为前途担忧，为学业烦恼，可这些问题，在疾病面前，不过是毛毛雨，不值一提。生活哪怕再多艰难，再多无奈，即便我们觉得自己一无所有的时候，至少，我们还拥有健康。

## 02

有人说，父母在，人生尚有来处，父母去，人生便只剩归途。我是信这话的，父母在，无论如何，你始终有一条退路，也有一盏回家的灯。

如今，身边的朋友和同学大都背井离乡，在外谋生活。经常谈的话题，无非是工作、薪水、对象、买房。

可说到这些问题，自然一个头两个大。工作相当没劲，薪水不忍直视，对象不知何方，买房遥遥无望。

于是各种辛苦沧桑、焦虑烦躁接踵而来。对人对事都少了些和气耐心，对社会对自己都有些苛刻。

心里默默跟自己说：不混出个人样就不回家，买不了房就不结婚，就算是生病住院，遭遇挫折全都自己扛。

可有的时候，是不是也会失落伤感，也会突如其来地悲伤。

尤其是加班后满城的灯火辉煌却没有属于自己的一个角落；尤其是放手一个爱了十年的人却看到情侣街头相拥；尤其是周围一派温馨庆祝元旦自己却孤身一人。

这个时候，想回到那个留着记忆的小县城，想回到那个有浓香环绕的妈妈的厨房。

哪怕你感到累了，痛了，伤了，哪怕你再也不想喜欢这个繁华复杂的世界了，哪怕你觉得被梦想抛弃了。千万千万，别忘了，你还有家，还有家人。

## 03

外公常常看着我说，你们这些孩子真有福啊，现在这个时代多好啊，什么都有，这么小的孩子就坐飞机，说英语。我年轻时候当大队长都没机会坐汽车，连书也读不起。

外公看向我的眼神里有慈爱，还有对现代高科技的新奇。无奈的是，外公精明了一生，却还是抵不住无法逆转的苍老。

看身边太多人，年纪轻轻就怕来不及，不敢追求自己的梦想，害怕面对失败的结果，担心不能表白成功的尴尬。

冷静认真地设想一下，除了这些，你还怕什么呀？如果把这些都体验过了一遍，又有什么可怕呢？也许你品尝了失眠夜里的咸泪水，也感受了寒冷冬天的透心凉，还有迷失方向走弯路后的红眼，以及不知道未来是否有光亮的沉重步伐。

也许，你家徒四壁，两手空空，也许你被命运捉弄了几个来回，更被生活欺骗得不敢相信，那又怎么样？

大不了两手一搓，反正还有一生可以浪费，挽起袖子，跟对手说：来吧，生活，我们战一战。

人不怕老，就怕一事无成。所幸，你还拥有年轻，还有来日方长。

*04*

心理学上认为：人对自己感受到的拥有，远比实际拥有少；对自己感受到的失去，远比真正失去多。

很多人是这样的，拥有的不自知，失去的刻意难过。而现实的情况是，你拥有的很多东西都是无形的、无价的、不自知的。

客观地看，一次不成功的恋爱，除了失去一个爱人，你也收获了一段难忘的经历；一次没有结果的努力，除了失去一些年岁，你也收获了心智的成长与成熟。

既然，人生总有遗憾，总要失去，你又何必执着地不接受，何苦过不去。现在就是最好的时候，现在就是你最富有的时候，想什么人生意义想得没完没了，伤身伤神，既然想不清楚，就好好地过好当下，你只有活在当下，才能走向未来。

至于以后能不能找到好工作，能不能遇到真爱，能不能实现梦想，这些都是未知数，你只用知道，只要你敢承担责任，珍惜当下的人和事，往后的时间，都是自己说了算。

当你用力奔跑跌了几个趔趄，就想放弃就觉得自己一无所有的时候，不妨想想，有多少人，连鞋子都没有，却也在赤脚向前，自我医治。

以后的日子里，认真郑重地过每一天，不要以为自己看起来什么都没有，当真就得过且过。

其实，你拥有的远比你以为的多。

## 当我们在怀念时，又在念着什么

*01*

前段时间，QQ 注销的变动，引起了很多人的怀旧情绪。很多网友感叹，看到自己当年的非主流签名和空间装扮，感觉自己特别傻，也特别矫情。

谁不是如此呢？哪个人在成熟稳重之前，没经历过一段幼稚的尴尬时光呢？

想起那时候，我喜欢在日志里写些"十七岁遭遇高三""雨季不再来"的忧伤文字，当年没觉得有毛病，现在看来，怎么都有一股为赋新词强说愁的勉强感。

再看六七年前的文字，不管是排版用色，还是句子内容，几乎让自己难堪到想钻地洞，因为，那些想法实在是太幼稚了。

简直让人觉得，可笑又可爱。比如，对《步步惊心》女主的爱情观大作解读，嚷嚷着要做一个敢爱敢恨的女子，甚至有一种为爱情奋不顾身的冲动。

现在，觉得爱情实在是件不靠谱的事情，只想脱贫，不想为了那种虚无缥缈的感觉，迷失自己。从看电视剧哭得哗啦啦，到如今夜里辗转不眠，第二天早上起床，依然能和朋友逛一整条街，除了购买欲很强，再也看不出其他异样。

把情绪放在心底，是一个成年人的必备技能，像极了微信的作风，不疾不徐，却深藏不露。不过，如果你问大家，愿不愿意彻底注销QQ，相信没几个人能不假思索地做到。

因为，有人说，那是90后怀念的青春。

怀念这个词，看着是现在进行时，其实是过去完成时。需要靠怀念才存在的东西，说明我们早就失去了。

我们失去的是一段段时光，怀念的却是那些时光承载的感情和记忆。


02

也许，曾经活跃在QQ里的那些非常熟悉的人，早就与自己渐行渐远了。一位朋友说，现在活跃在她空间的，是00后的表妹和侄子，而他们往往比自己小很多。至于当年和自己同听一首歌，分一个耳机的闺蜜，早就成了礼貌寒暄的普通朋友了。

小颖谈起高中的三人行，眼里全是激动，但时间拉回现在，又只剩无奈。那时候，她有两个好闺蜜，直到高中毕业大家感情都很好。后来高考填志愿，各奔东西之后，慢慢就淡了。

从诉说心事到只是假装熟络，大家都很有默契地不打扰，不麻烦，不开玩笑。

其实，也很好理解，我们不断学习新事物，不断遇见新的人，而一个人的精力和圈子又是有限的，一些人进来了，一些人必然就远离了。真相原来如此，我们表面上是在用另一个软件，实际上我们是在过另一种生活。

其实，于我来说，从没想过主动删除 QQ，但我接受如果某一天不可避免的现实。我始终相信，任何拥有或者失去，都有它出现的意义。

我们失去了年少时光，换来了可贵的成长，也不再年少轻狂。对于 90 后来说，QQ 可以没有，但是那些十几岁的记忆，不是能轻易从脑中擦除的。

也许，在只有 QQ 的年代里，很多人耐心用老人机，一次次倒退切换，只为了看看那个经常不在线的头像，是否亮起来了；也有很多人，注重仪式感，习惯性地过一段时间，就在朋友空间踩一踩，留下许多矫情但很真心的话；更有一些人，只是因为与他的故事开始于 QQ，哪怕后来长大了，走散了，但留在 QQ 的感情还在。

我们或许都明白了，有些时刻适合收藏，有些时刻适合展望，难过的日子，默默坚持，不顺的日子，都学着面对。

其实啊，成年人的生活不是没有故事，而是大家都学会了独自承受。所以，哪怕我们走得再远，也必要有一个地方帮自己记着那些来时的路。或幼稚，或简单，或天真，或真实。

向前看，能让人看到希望，往回看，却能让人看到成长。直到有一天，你会发现，自己只有经历了那些从前没经历的，才会看得见那些从前看不见的东西。

## 你只养我长大，却忘了教我成长

*01*

室友莉莉有个大她 3 岁的姐姐，毕业后只身在北京闯荡。从去年到今年，姐姐跟家里联系的次数很少，甚至换了工作也没让家里知道，今年 3 月份开始，更是不接家里电话，时常联系不到人。

上个月莉莉还在宿舍说，我姐不知道是不是遇到事儿了，给她打电话她总不接。室友当时脱口而出，别是碰到传销了。

莉莉说，她姐姐从小到大都很乖，应该不会的，姐姐一直不太喜欢打电话，不喜欢跟家人联系。

此时正值某传销事件发酵，并且事发地点与北京离得这么近，莉莉的心里打起了鼓。

在跟姐姐打了二十几个未接电话后，她当即决定买票去北京找人。火车上，莉莉在手机上整理好了跟姐姐的聊天记录，甚至想，若实在情况很差，就拿着证据报案。

到了北京，莉莉给姐姐打电话、发 QQ、发微信，姐姐依旧没回。

莉莉越想越害怕，拼了命的往姐姐微信上发消息，叫她跟自己联系，让她发定位。那边还是没有动静。

一天后，姐姐终于回电话了，告诉莉莉："你们别找我了，我一个人过得很好，我不想见你，也不想你来找我。"

莉莉说："行，我不去找你，你告诉我你住哪里总可以了吧，我跟爸妈说声，他们知道了你没事，就不会急得哭了。"

就这样，莉莉哄骗到了姐姐的小区住址，第二天一大早就去了姐姐住的小区守株待兔。辛苦没有白费，莉莉刚好在小区门口跟去上班的姐姐撞个正着。

姐姐果然没事，没有受人控制，没有被传销，莉莉放下了心。她去上班后，莉莉一个人在小区门口坐等姐姐回家。

好不容易等到晚上六点多下班，姐姐看了一眼蹲在小区门口的莉莉，说："你回去吧，别再来找我了。"

莉莉怎么劝说都没有用，姐姐丢下她，进了小区，回了出租屋。

本以为最差的结果是被传销，事情发生大反转，姐姐是一个错误的家庭教育方式下的牺牲品。

莉莉没能和姐姐一起回住的地方，她一个人在门口坐了一夜。她给姐姐轰炸消息，打同情牌，姐姐无动于衷。

莉莉发过去：现在凌晨 1 点钟；现在凌晨 2 点钟；现在凌晨 3 点钟。你不出来见我，我就隔一个小时给你发一次，直到你出来。

姐姐也没睡，回复她：你快回去吧，别找我了。就这样，直到凌晨6点，姐姐才出来和莉莉见了一面。莉莉就这样在小区坐了一夜，如果不是她说，我甚至不敢相信有这样冷漠的姐姐。

## 02

听莉莉讲，她的父母是老观念，非常要强，把读书改变命运看得比天还大。从小要求他们姐妹俩除了认真读书，还是认真读书。

高考那年，父亲逼着姐姐复读，后来也只是勉强考上二本。莉莉的读书天赋好一些，211大学，985研究生，并没有姐姐学的那么艰难，现在在父母的期望下打算考博。

我想起莉莉以前说过的一些小事：

过年回家，父母当着面说，莉莉，你带你姐去买两身衣裳；

莉莉，你读了研究生，以后找对象一定要配得上你，肯定比你姐好；

莉莉，爸妈没用，你跟你姐两个人要争气。

有的时候，父母对孩子错误的教育方式，不仅不是对他好，甚至会害了他。莉莉的姐姐，心里不仅装着无处发泄的恨，恐怕也装着不知所措的害怕，害怕自己有一日会在思维的深海里沉溺。

当父母把自己想过的人生，强行压在孩子身上的时候，孩子是担不起的。当父母把自己该负的责任，转移给懂事的孩子去代替自己的时候，孩子是瞧不起的。

现在的社会确实越来越先进，父母的思想也越来越开明。可正是这样的洪流之下，还有那么多人，把自己沉重的人生期待压在孩子身上，摧毁了他们的活力，让人心痛。

很多一辈子碌碌无为的人，毕其一生，只是养大了孩子，却从没有真正教过孩子。

## 03

找对象，很多人不愿意接受单亲家庭的孩子，因为担心性格孤僻，有心理问题。可是，比单亲家庭伤害更大的，是父母只会发号施令和压迫，从来不懂得如何真正爱和教育孩子。

一个叔叔，一年回不了几次家，更不用说和孩子在一起玩乐。上一年级的女儿从不喊他爸爸，直呼其名。看到爸爸，直翻白眼，小大人一样说："天天就知道自己玩手机，却不给我和我妈买苹果。"

这么小的孩子，语气里尚且尽是怨怼，她的人生还没开始，却已经不被温柔以待。我们永远也不知道，少了父母正确的爱和教育，她的人生将会少了多少可能性，又多了多少不确定性。

董卿在一档访谈节目里谈到父亲对自己的教育时，一向端庄大方的她几次落泪。

她说童年时，最怕一起和父亲吃饭，饭桌上，父亲不停指责她，你这个怎么样，那个怎么样，导致年少的董卿常常一边吃一边哭。

如果董卿不说，谁也不知道央视一姐是这么炼成的。我们只看到一个出口成章、气质优雅的董卿，却没看到有多少董卿被扼杀在童年里。

父母对孩子严苛甚至有些挑剔的爱，对孩子是具有极大杀伤力的。

也许多年后，孩子长大，已经可以理解父母当年的期望，但是那些委屈和压抑并不一定会随着时间烟消云散，就像莉莉的姐姐。

一个孤苦的生命究竟能走多远，一个善良的生命究竟能存几时？

## 04

前年过年的时候，我爸给我打了一千块钱，让我去买两身衣服，他当时特地嘱咐我，你姐姐们穿得像大明星一样，你个女孩子，也要学着爱美，别那么寒碜。

老实说，爸爸的话刺伤了我。我没有那么不修边幅，也没有那么不爱买衣服，只是穿衣服，自己觉得舒服就好，没有刻意去穿名牌装阔，也没有迎合别人的审美眼光，可在爸爸眼里成了寒碜。

这让我想起，小时候我用水笔涂指甲，爸爸看到后，要我去洗，用水洗不掉，爸爸让我用小刀刮下来。

好像从那件事情以后，我就不会去主动打扮自己，也不喜欢买买买了，到现在我连蝴蝶结也不喜欢，生怕稍微有点爱美的心思就被爸爸看作不务正业。

同样的事情，嫂子跟女儿说，小朋友不能涂指甲，涂指甲吃饭就不卫生了，要生病的。所以呢，我们等长大后，自己能保持卫生，再涂指甲，那样才美。

看吧，这样一件小事，竟让我记了这么多年。童年里很多看似很小的事情，可能会在孩子幼小的心里留下很深的后遗症。

这些幼年里没有发作的潜伏伤口，长大后可能就成为各种偏见、固执、自卑、冷漠，喷薄而出。

你不会知道，错误的教育方式，可能会毁掉一个孩子的生命力。你最想让他长大成人，担起责任，可他却一辈子活在你的决定里无法长大，这是一件很惋惜的事情。

当然，我们读了这么多书、走了这么多路、见了这么多世面，不应该把父母在你年幼时犯的错误当作自己逃避责任的借口。虽然你是第一次做小孩，没先例，可父母也是第一次做父母，没经验啊。

他们养你长大，已经很不容易，没有立场再去责怪没把你养好。幸运的是，你还可以有朋友，有爱人，有网络，有高科技，置身于这个美好的世界去吸取一切力量成长，找到自己内心的平衡，你还能与这个世界对话。

而对于那些幼年就已经伤筋动骨，以致成年后也难以恢复的人来说，如果可以，他们一定想说一句，请你养我长大的同时，别忘了教我成长啊。

# 第五章

愿最好的你被最好的人爱

## 你连自己都不认识，还怎么谈恋爱

*01*

任何一段关系里，关系的源头那一端是自己。一段关系的好坏，除了与另一方有关，更与自己有关。

抛开那些苛责和抱怨不谈，失败的关系里，自己应该负多少责任，为什么会走到今天的地步，自己的行为话语对这段关系有多大的影响？

我们很少这样问问自己，因为问自己这些问题，等于承认自己错了，等于与自己的价值观宣战，我们的价值观本就匮乏，一再防守才留下不多但还坚持的价值观，现在还要拿出去一些，谁会愿意拿出去，谁会真正承认自己错了。

在我们从小的认知里，做错了事就要被惩罚，做错了就要改变，可是那个潜意识的"我"告诉自己我是对的，我不用改变，顽固地抗拒着改变。

总是有人始终抗拒认错，哪怕是在失败的关系里，依然觉得对方是要负责任的那个，自己是受伤害的那个，这样自己就可以名正言顺地怨恨他，收获大家的同情和维护。

　　事实上，认清并承认自己真正的需求和内在的不足，远比推卸责任、宣告光明正大的受害者身份要难得多，当然收获也大得多。在亲密关系里剖析自己也就是认识自己的过程。

　　当自己的期待、渴望没有得到满足的时候，当我们与对方争吵、冷战、互相折磨的时候，当我们被情绪绑架沉溺在痛苦中的时候，当我们总是遇到人渣感叹命运不公的时候，有没有冷静地思考这些现象的本质，我们到底在需求着什么，或者在逃避着什么？

　　当你大吵大闹歇斯底里地向他宣泄的时候，是否是自己觉得被冷落，其实你只是想获得对方的关注，希望能多被爱一点，就像小孩子一哭大人就会来哄。

　　当你觉得说再多他也不会懂，就算在他身边也很孤独的时候，是否是你太沉浸于自己的世界，认为自己的想法更高级一些，而不去容纳他的想法，东西从哪里拿来就放回哪里去是一种做法，从哪里拿来没放回去也是一种做法，它们只有不同，没有对错。

　　当你觉得看不到希望选择放弃的时候，是否是你封闭了自己的内心，不愿再去努力，骗自己说没有爱了就放弃，你不是不爱了，其实你是害怕爱下去会受伤。

世界上最难的事情，不是攀登珠穆朗玛峰，而是认识自己，认识自己的需求，认识自己的弱点，认识自己是个什么样的人。

02

认识自己从来不是一个简单的过程，那么多年的经历才有了今天的你，你与众不同，远不是一句话可以形容的，更不是一天可以认清的。

学校和社会教我们认识一草一木，认识规则，认识世界，却没有人教我们认识自己。这本身就是缺失的，所以认识自己很难，但只有认识自己，你才可以变强大。

认识自己的目的是为了重建自己。认识和重建，并非是绝对的先后关系，而是交叉关系。从内打破是一个人成长的起点，愿意审视自己，对自己负责，才会停止对外索取，停止抱怨，重聚力量。

意识到的自己与表现出来的自己之间有一条鸿沟，跨过这条鸿沟，我们才能做到内在与外在的一致，这个过程很难、很痛。

它需要你把自己那层厚厚的保护壳打破，那保护壳也许是根植于你身体里多年的行为习惯，也许是沉淀在你脑海里的认知与价值，为了跨越这条沟，你打破自己，才能接纳新的、你曾经不那么愿意接纳的东西，然后你捡起自己破了的碎片，重建自己，你成长了。

真正的成长会让人变得勇敢，不抗拒与自己价值相冲突的人和事，试着接纳，试着观赏，这样你与对方的关系不再受情绪控制，你可以开放地爱对方本来的样子，不要求他变成你理想的样子，爱就是爱，不是控制。你学会修炼自己来应对自己的需要，而不是改变对方来满足自己的需要。

如果你还控制不了情绪，还常常为对方不是你想要的样子而生气，趁早看看自己的内心匮乏什么，趁早看看自己还在逃避什么，是什么原因导致自己缺爱，不相信爱？

是因为小时候没有从父母那里获得想要的关注，还是因为某件事伤害了你，认为自己不配得到爱，趁早找到源头，丢掉这些潜意识里让自己止步不前的包袱。

把自己清空，才有再度盈满的可能。


03

当你知道自己的状态，并找到自己内心的和解与认可，一段健康并且良好的关系才可能发生。

你倾尽全力爱自己爱他，承认你和伴侣之间只是不同，并没有对错，更没有高低。试着以包容和欣赏的态度去接纳对方。但有一点，我们必须知道：谈恋爱是在点一份霸王餐，你喜欢他的好，更要接受他的不好。

当吵架发生时，看看他在激烈地争取着什么，是他缺少关注了，还是他的价值观被挑战了；当冷战持续时，去看看他内心的小孩是否受伤了，正在舔舐伤口；当他像个狮子一样向你发怒时，是否他只想吸引你的关注。不要只注意到他的情绪，看看是什么样的需要在喂养着他的情绪。

不管对方是积极配合还是消极怠工，你可以不怕受伤，全力以赴地爱一次。只要相爱，对方便能感受到你的付出，你也会收获到他更大的付出。因为害怕受伤而不敢大胆爱的人，不是完完全全地爱对方，而是害怕自己又被抛弃，于是便缩在保护壳里。这样确实不会受伤，可是也失去了遇见真爱的机会。

在爱情里，尽人事，就不冤枉，听天命，就不勉强。

*04*

你终于用尽全力做了自己可以做的，你们心心相印，从此成为灵魂伴侣，结果皆大欢喜。可是我们更害怕自己拼尽全力结果却不尽如人意。

你痛苦难受，为什么你这么真挚努力却得不到相应的回报，为什么受伤的总是自己？失败的感情里，受伤的一定是两个人，感情枯萎后，没有谁能全身而退，除非你从来没爱过。

我们都想要谈了恋爱就结婚的感情，这样的不是没有，只是很少，它是艰难的付出与偶尔的幸运夹杂在一起才会有的产物。

感情里你能遇到照顾你身体的人，这多于照顾你灵魂的人。很显然后者更难。而人们总是选择最容易的照顾，送礼物、请吃饭，这你不会陌生；却少有人选择最难的照顾，安抚心情、沟通心灵，这你很稀罕。

一个人的高度决定了能对他有触动的东西的层次，以前你总会为他的老实本分满足，可你也得为他的不浪漫、安于现状买单。

后来你经历痛苦，浴火重生，重建自己，成长了，眼界与格局也变高，能打动你吸引你的不再是以前的特质，而是与你思维层次匹配的特质了。

一开始我们都是不懂爱的笨小孩，但是我们经历过爱，并且失去爱的时候，我们才开始懂得爱是什么。曾经狠狠爱过，最后却没有在一起，你撕心裂肺，可这段感情并不是一无是处，也不能否定它存在过的意义。就像吃包子，如果你需要吃 5 个能饱，的确是第 5 个成了你的最后，但你不能否定前 4 个的意义。

受伤了不可怕，可怕的是不愿走出来。经历了那些伤痛，你就成长了，成长了意味着你更优秀了，你更优秀了就会有更好的感情在等你。

## 爱他，就学会说他表达爱的语言

*01*

据说世界上有 5000 多种语言，大多数人只会自己的母语，但只会说自己语言的人常常会失去许多与其他人相遇、合作的机会。

盖瑞·查普曼博士曾说："爱有五种语言——肯定的言词、精心的时刻、接受礼物、服务的行动、身体的接触。"

当对方肯定你、赞美你的时候，你觉得对方是爱你的，那么你说的爱的语言可能是肯定的言词；

你希望对方和你一起做饭、看电视、看书，享受两个人在一起的时光，那你说的爱的语言可能是精心的时刻；

你希望在生日、情人节等每个值得纪念的日子里收到对方的礼物，你才会认为他很爱你的话，那么你的爱的语言可能是接受礼物；

当你希望对方为你放下大男子主义，帮你洗一次碗，能收拾屋子理解你体谅你的话，你的爱的语言大概是服务的行动了；

最后如果你觉得亲吻、拥抱、性爱能让你感到他很爱你的时候，你说的爱的语言可能是身体的接触了。

我们传递了爱的语言，也渴望能有人听得懂，而我们往往也被那些能听懂的人所吸引、所驻足。

想想看，一开始是否是他给了你陪伴，让你动了心；在你低迷的时候他鼓励你，给了你勇气；他照顾了你很多，你觉得遇到了对的人。于是，你不自觉地跟他靠近，你觉得他爱你，因为他听得懂，更会说你的爱的语言。

知道自己说哪种爱的语言并不难，可是知道对方说的是哪种爱的语言就不容易了。

## 02

当你听不懂对方想要爱的语言，你说错了的后果比没说的后果还严重。他会觉得为什么你这么不考虑我的感受，去做那样的事情，而不会真正做我喜欢的事情，从而上升到你不爱我的高度上。

你委屈得说不出话，我明明是爱你的，可是怎么在对方眼里就成了不爱。

这其实存在一个发送和接收的一致性问题。你发送的跟对方接收的不一样，其实是你说的爱的语言与对方说的爱的语言不一样。对方觉得你只要和我待在一起就是爱我，可你觉得爱一个人就是要为他做很多事，两个人说的爱的语言不一样，怎么能感受到爱呢？

他也许抱怨："你总是忙工作，从来不会和我一起吃早餐"；"你总是否定我，在你眼里我什么也做不好"；"我的生日礼物你都不记得，更别指望你会买情人节礼物了"。你听懂他说的爱的语言了吗？

## 03

阿狸说："我喜欢香蕉，可是你给了我一车苹果，然后你说你被自己感动了，问我为什么不感动。我无言以对，然后你告诉全世界，你花光了所有的钱给我买了一车苹果，可是我却没有一点点感动，我一定是一个铁石心肠的人！我的人品确定是有问题的！我只是喜欢香蕉而已啊。"

在爱情里盲目，比在爱情里聋哑更可惜。

J. D. 塞林格在《破碎故事之心》里说，爱是想触碰又收回手。我爱你，所以想要触碰，我怕伤害你，所以又收回手。

别让爱情变得懦弱，也别让喜欢的人觉得是负荷。真正学会爱一个人是以对方想要的方式去爱这个人。

## 哪怕曾经错失爱情，你也可以活色生香

*01*

电视剧《我的前半生》里，罗子君曾对出轨的丈夫说："只要你回来，给你时间调整啊，一个月三个月半年一年都行，只要你回来。"丈夫说："我爱她，无可救药地爱她。"

如果说离婚对罗子君的伤害是 9 分的话，那么对于一个爱老公就是她全部生命意义的女人来说，这句话的攻击力是 10 分。

直到此时此刻，罗子君觉得五雷轰顶，自欺欺人地认为丈夫出轨是意外，是小三勾引，依然没有意识到问题的核心。

只有事情破败后赤裸裸地摊在面前，你才知道事情已经发生了，还认为他不至于那么坏，你的处境没有那么糟。

青蛙意识到水温越来越高的时候，已经无力改变命运了。当你在爱情的温床里不问世事的时候，连水温升高的意识都没有。

没有危机意识，对于自己，对于爱情里的男女，都是一件危险的事。养尊处优的生活，最容易让人不思进取，也最容易新人胜旧人。


02

不知道持续提升自己的人，往往被身边人远远地甩在身后，也常会被生活无情地戏弄。

有一种人明确知道要提高，但是没找到方法策略，执行力不够强，提高得很慢；有一种人是知道自己有不足，但不想提高，说白了就是懒；还有一种人是被溺爱，被宠坏，没意识到要提高。

没有意识的这一群人，最危险。身为羚羊，你都不知道狮子已经在身边，还怎么敢心安理得呢。等洪水猛兽将自己吞没的时候，会认为这个世界欺骗了你，不是这样的，他不会那么残忍的，不会那么狠心的，那时候说什么都迟了，只能成为一个终日絮絮叨叨的怨妇。

有人也知道提升，只是把精力用错了地方。

生活里看到不少姑娘面容姣好，却出口脏话；也看到有人衣着光鲜，却随地乱扔垃圾。注意形象，这是一种自我提升，但还不是最高级的提升。

一个人真正的提升不是包装自己，而是充实自己。人们也许会因为美貌看不见你的能力，却从来不会因为你的能力忽略你的美貌，充实与包装，高下立见。

一个姑娘嚷嚷着自己是女汉子，与这个世界死磕，这是提升吗？这是换一种方式对抗生活的残忍。表面张扬，活得粗糙，不敢追求，这是抹布女汉子。

真正的提升自己是适当的保养、坚持读书、接触新事物、保持一颗上进的心，让自己成为一个有质感的人，不畏惧失去，也能坦然接受更好。


03

提高自己也不是一味地只坚持自己的小心思，而不去接受其他的东西。小而美的姑娘可能会把家收拾得很舒服，她知道生活冷暖，也知道早睡早起，但不知职场险恶，人心不古，很容易便成为被人碾压的小白兔。

守着自己的一亩三分地，可以做到精益求精，却也容易画地为牢，失去更多向外延发展的机会。罗子君防范着丈夫身边花枝招展的小姑娘，却没有看到自己与丈夫之间越来越大的代沟。当儿子问她："妈妈，角膜是什么呀？"她却回答："脚膜就是脚上敷的膜呀。"眼球结构里的"角膜"也可以说成"脚膜"，她浑然不知，自己已经被社会甩开多远了。

不去看看外面的世界，连自己输在哪里都不知道。抱着包容与开放的态度，去看看别人是怎么生活的，别人是如何在工作上分秒必争的，那时再看看，曾经的你以为还是你以为吗？

如果可以，不妨踏出自己熟悉的安全区，去另一个新领域一探究竟，一方面可以发展自己的潜能，让自己更有成就感、满足感、安全感；另一方面，让自己在面对变故时多一份从容，多一个选择，多一条退路。

## 04

在男女爱情里提高自己就显得更加重要了。爱情的你侬我侬不会一直持续下去，激情退去，回归平常，如果只想要亲亲，要抱抱，要举高高，而不愿去提升自己的话，等待自己的将会是想不到的万箭穿心。你感到轻松的时候，一定是有人替你承担了痛苦。当别人承担的痛苦达到极限时，也是你开始不再轻松的时候。

罗子君作为全职太太面临婚姻危机，突然被人抛弃，悲剧地发现自己什么都不会。嘴里抱怨着站一天会疼、洗衣液会伤手。那是前半生啊，已经养尊处优的前半生，难道因为一个人赋予你恍如隔梦的前半生，你就不能给自己一个真实精彩的后半生吗？

提升自己不是为了迎合你的爱人，而是为了若有一天，他给不了你幸福，你可以自己给自己。任何时候，你不断向上，才是自己生命的意义和别人爱你的意义，没有人会喜欢一个原地踏步的人。

## 05

我常觉得，一个懂得提升自己，投资自己的人一定是个懂爱的人。快节奏的现在，没有什么所谓的稳定、铁饭碗、长期饭票，真正的稳定就是让自己有能力，这才是不过时的铁饭碗。

以前有人说，十年前，别人会因为你父母的收入决定对你的态度；十年后，别人会因为你的收入决定对你父母的态度。我们总想为爱的人做点什么，可是如果一个人不去提升自己，连自己都自顾不暇，谈何照顾别人呢？提升自己就是管好自己，不让自己的窘迫引得爱你的人担心和操劳。如果每个人都管好自己，天下就太平了。提升自己是为了多一分爱人的能力，少一分惹麻烦的无奈。

爱情很美妙，我们在爱情里找回儿童时的天真烂漫。我们恋爱，我们分享，我们亲密，我们要求，爱到最后我们像个孩子一样哈哈大笑、哇哇大哭。当自己哭得像个小花猫的时候，对方就嫌弃你不美了，不可爱了，不上进了。罗子君便是这样，再漂亮的容貌，当你没能让自己闪闪发光时，当你不优秀时，你便是错的人，便给了他不爱的理由，也给了他伤害自己的机会。

破壳而出，不断向上是所有生命存在的轨迹。对于每个人来说，提升自己是为了无人可靠的时候，还有自己，不至于被世界抛弃孤立；是为了十年后遇见爱情，你早已作好准备。

没有遇见，也没关系，你一个人也可以过得活色生香，这就是努力提高自己的意义。

## 谈恋爱，还是用点心吧

*01*

一直认为，谈恋爱是很美妙的体验，所以从不肯匆忙开始，仓促结局。一定要静心修炼，等风来。

大概凑合的感情更容易进退两难，所以坚持爱情没来之前宁缺毋滥。但宁缺毋滥，绝不是止于原地，消极敷衍的借口。

对于任何事情，想要得到，都需要积极主动。喜欢一个人，也是如此，努力靠近才有机会。也许缘分注定会让两个相爱的人相遇，但主动，可能会让本该发生的事情提前。

守住本心，不轻易开始一段感情，是为了遇到那个对的人时，给他全心全意的爱。爱上一个对的人，才会有恋爱的感觉。

而爱情来临之前，我们要做的就是好好修炼自己，提升自己，让自己成为一个有温度和有质感的人。

所谓单身是最好的升值期，不仅仅是外在的改变，让人赏心悦目；更是内心和思维的成长，让人如沐春风。

当我足够好，足够温柔，你也足够有担当，足够成熟，我们收起各自锋利的棱角，给对方最温暖最坚实的拥抱。进，可一起闯荡天下，退，可蜗居于一个家。

如果有爱人，该幸运有人陪伴，好好珍惜眼前人。如果没有，急也急不来，静心修炼，来了更好与他并肩。

生活不是没给人机会，只是我们没有做好准备，机会来了抓不住。在爱情里也如此，我们不是不会遇见让自己心动的人，而是遇见了自己把握不住。

既然相爱，就别轻易破坏。爱情里最可惜的是，守得住辛苦，守不住幸福。

解数学题，我们都知道要有步骤、有方法才能得到正确结果。爱一个人会遇到的困难远比解一道题多得多，可多少人都没有解题的意识，不仅不讲究爱人的章法技巧，更在爱情的答卷上胡乱涂鸦。

想要自己的爱情长长久久，还是用点心思的好。

02

首先，你得做闪闪发光的自己。

大学一个朋友喜欢一个女孩，追得昏天黑地。为她逃课见面，放弃自习压马路，两小时的车程，风雨无阻跑了半年，后来终于是追上了。

追上之后更是眼里心里只有女生一人，甚至心安理得地荒废学业，乐不思蜀。

他的眼里只看到女生，女生的眼里还有未来，所以拿奖学金、考证书、积极实习、考研，与他在未来的道路上越走越远。

后来，女生说的话题他听不懂，遇到的难处他帮不了忙，要做的项目他也一概不知。他认为只要爱就好了，你做你的，我做我的，只是工作上没有帮助，生活上还是可以一起的。男生像个孩子一样幼稚又固执，始终没有成长，分手结尾。

我相信这个男生的爱是真心的，只是爱得太过拙劣，太过没脑子。爱一个人不是忘了自己，相反，爱一个人是努力成为更好的自己。

我一直认为，所有关系里，自己是根本，是起点。一段关系的好坏，与自己有本质的联系。精品才会有高价，粗制滥造只会被取而代之。

与朋友相交，与恋人相爱，都是如此。只有把自己塑造成一个优秀的人，你才会有很多很多的爱，爱他深切，分一些给对方，他不会感到压力，你也不会感到患得患失。

没能让自己注入新的力量，爱就会枯竭，当对方成长迅速时，你不仅跟不上他的脚步，更是给不了他想要的爱。这个时候，对方抽身而去，自己只剩无能为力。

你的心里可以住着一个小孩子，但别让这个小孩子成为你拒绝成长的挡箭牌。

除了自己，没有人有义务为你的不努力买单。成年人的身躯，小孩子的任性，你不思进取的样子，伤的寒的都是最爱你的人的心。

无论如何，一个人自甘堕落总是不值得原谅的。我们都在说找一个对的人，可是如果不努力，不让自己变得优秀，就算现在是对的人，有一天也会变成错的人。

我想，真正的爱情，不是那个人让你心动了，而是那个人让你动了心。心动是一瞬间的电石火花，动心却是持久的相濡以沫。大多数时候，我们遇见一个有感觉的人不难，难的是看透一个人后还能感觉如初。遇见一个人不叫爱情，遇见后就不想走了才是爱情。

一头扎进去，爱就爱了，不在乎结果。说这话的大概是十五六岁的青春女孩子，或者是万物不缺，只缺爱的人。而更多的人，不仅要爱，更要爱有结果。

身边的一切都变化如此之快，一开始的好感、喜欢、心动若要经得住时间的考验，历久弥新，唯一应对之法只有不断加强自己的修为、成长，有耐力守得住辛苦，更有能力守得住幸福。

实际上，我们不是在与时间赛跑，而是在不断成长提升，然后才配得起更好的爱情，更好的一切。

而最需要提升的大概就是，不好不坏的中间一族，比自己优秀的看不上自己，不如自己的自己又看不上，于是造成一种不上不下的尴尬境地。

而这正是需要反思的地方，也是需要提高的地方。想要优质的爱情，首先自己得是个优质的人，所以，我们要做的不是盲目地羡慕爱情，而是静静地修炼自己，等到成熟绽放的时候，便知道，你若盛开，清风自来。


## 02

然后，你要找到对的那个人。

电视剧《欢乐颂》里，邱莹莹被渣男抛弃，手足无措。在这之前，邻居曾有过提醒，但她不仅没有反思，反而替渣男说话。在恋爱里，她看人的眼光基本为零。

可现实里的邱莹莹并不少，谁叫情人眼里出西施，他总是千好万好呢。遇到渣男以为他有苦衷，看到他不思进取，却觉得老实本分；将花花肠子误认为浪漫多情；将冷酷无情幻想成霸道高冷。

看不清一个人，在恋爱里有苦难言，只知道不舒服，却没有离开的勇气。就怕对方根本不懂得珍惜，你还安慰自己他好爱你。

同样是年纪相仿的女孩子，曲筱绡的眼光就好多了。她看到赵医生严谨认真之下的随性自由、清高正直。

所以尽管是分分合合，他们也只是为两个人更好的相处而思考和磨合，并未做出什么深重伤害对方的事。哪怕是后来曲筱绡拿到巨额房产，也坦然地跟赵医生说，丝毫没有戒备。因为她清楚赵医生不是打她钱财主意的人。

如果一件事情与己无关，站在局外人的立场，我们都有明辨是非的能力。可是对于自己的事情，人常常被情绪弄得晕头转向，看不清楚对错，分不清好坏。

所谓看人的眼光，其实就是对一个人的了解程度，你知道他身上有哪些你很珍视的品质，有哪些你完全忍受不了的毛病。

没有绝对的完美恋人，但我们可以做一个中和取舍，接纳无伤大雅的缺点，远离大是大非的缺点。这样才能感受到爱情是甜的，并不都是苦和心酸的。

如果选择一个爱人连眼光都没有，大概爱的底线也不会有了吧。

## 03

其次，谈恋爱是要讲点小技巧的。

小学奥数里有一个鸡兔同笼的问题，如果非要一点点去凑答案，会很辛苦，甚至也解不出答案。可是只要设两个未知数，这道题就可以迎刃而解。谈恋爱像爬山，也像在解数学题。所谓的解题技巧其实就是对症下药。

你用议论文的才华去证明一个数学题，恐怕再好的文笔也得不来结果。你用风花雪月去许诺一个脚踏实地的姑娘，她一定躲你远远的，还觉得你这个人不靠谱。

恋爱从来不是一个人的事情，从自己的角度出发，你掏心掏肺，却没落他一句好。不是你花的时间不够，是花错了地方。

她明明爱蜂蜜柚子茶的爽口，你却总买珍珠奶茶的甜腻；她喜欢和你在一起的耳鬓厮磨，你宁愿自己打游戏也不愿一起在沙发上聊聊天。

若她喜欢浪漫，就别做煞风景的事，若她喜欢踏实，就别说空口无凭的大话。不讲技巧的恋爱，也许不会有太大的波澜，但凭空少了许多美丽。发现对方的喜好，投其所好，这都不是很难的事情，只是用心不用心了。

## 04

最重要的是，主动地建设关系。

我们与父母子女之间，有着天然的血缘关系，它不受任何外力剥夺。我们与爱人、客户的关系则不一样，因为没有与生俱来的纽带，所以需要靠合同来约束彼此，需要靠结婚证来保证一生一世。

但是真正爱一个人就如同进入一个需要我们投入巨大精力，为之经营一生的事业。如同甲方与乙方需要用一纸合同建立契约。喜欢一个人，然后建立恋爱关系，其实是在宣誓主权了，以后这个人只能你来欺负你来爱。

结婚誓词上说，无论贫穷富有、健康疾病，都相亲相爱，其实恋爱里我们更该说的是，无论落后上进，都要相帮相扶。维持一段关系就像在跷跷板上找平衡。两边必须旗鼓相当，跷跷板才会上上下下，乐此不疲。两方实力悬殊相差太大，游戏也就没得玩了。

如果一方明知实力悬殊，也不去帮助对方提高成长，冷眼看着他原地踏步，放任自流，那么就别把自己说得太伟大；如果一方努力帮助另一方进步，苦口婆心，一手一脚，而另一方不做努力，更不争气，那么就别怪对方转身离开。

相爱没有那么容易，每个人都有他的脾气，所以没有人会无限制地忍受你的无知与不努力。

两个人相爱的意义，便是能从彼此身上找到新鲜感，一起进步，良性发展，共同成长，为彼此的生命注入新的活力，这样的爱情才会更长久，更有力量。

主动地建设关系，从要求自己开始。延伸到关系的另一端，多些设身处地，己所不欲，勿施于人。

建立关系不难，难的是维持关系。爱上一个人不难，难的是让这份爱善始善终，开花结果。

爱情不易，用心要紧，且行且珍惜。

## 别傻了，他其实已经不爱你了

*01*

前两天和朋友聊天的时候，她告诉我，自己说了一句话后，就失恋了，真是祸从口出啊。

"我想，也许我们不太合适。"

"哦，我明白了，恭喜林灵同学把我甩了，重新恢复单身贵族了。"

林灵把这段与前男友的聊天截图发给我的时候，已经气得直跺脚，想骂娘。

她愤愤不平："幸亏我不是在考验他，要不然真是被分手，做了冤大头了。"

显然，林灵本想敲个警钟，一不小心变成骑虎难下。毕竟真分手也不该用这种模棱两可的词句，更不应该隔着屏幕，不当面说清楚。

可没想，对方说着玩笑话，让自己没了台阶下。

你一颗热心扑腾扑腾狂跳，还在想怎么解决问题，对方却说，不用解决，你走吧。

明明还没到分别的日期，对方却连送你走的车票都已经买好。你没有提分手，他已经不挽留。

## 02

林灵告诉我，最近有个男生追她，她明确表示过有对象了，对方依然没死心，照样各种约吃饭、送温暖。

那边那个穷追不舍，自己的正牌男友却安之若素。她赌气跟男朋友说："是不是哪天我跟别人谈恋爱了你也不知道。"

前男友嘻嘻哈哈："我知道你不会的，你这不是告诉我了吗。"

于是就有了林灵发消息："我们不太合适。"林灵说本来是想趁此机会，两个人开诚布公地谈谈，谈恋爱有不合拍的地方总是要磨合的，这个道理她懂。

可没想到，不知道是男朋友情商太低，还是不爱自己。居然来了一出赶鸭子上架，就这样没有了后退的路，只好将错就错。

你在这边急得发慌，他在那边一脸迷茫，你独自煎熬，他装傻充愣。

其实，如果爱你疼惜你，为你鞍前马后都来不及，哪里容得下别人来追你呢。

你提的不合适，不过是废话一句。他成全你的"不合适"才是挑破了现实。说到底，他只是没有那么爱你。

## 03

这让我想起一句话，女生提分手，是想被挽留；男生提分手，那是真的不回头。

当他像放弃一件老旧的玩具一样，那么轻易地、没有心痛地放弃这段感情，甚至连争取都没有的时候，你又何必再追问爱没爱过你呢？

人已走，心不在，这不重要了。也许感情里最让人悲凉的境地莫过于漠不关心、不闻不问、毫无所谓。你不冷不淡、不疾不徐的样子，让我以为你好像从没爱过。

东野圭吾曾说："人与人之间的恩断义绝并不需要什么具体的理由，就算表面上有，也很可能只是心已经离开的结果，事后才编造出来的借口而已。"

因为倘若心没有离开，当导致关系破裂的事态发生时，理应有人努力去挽留，如果没有，其实关系早已破裂。

当他有离开的想法的时候，就已经开始不爱了。只是外界的约束、心理的审视，延迟了不爱之后的结果的发生。

很多感情，看似牢靠，其实早已失效。就像一堆积年累月的灰，你不经意一碰，灰飞烟灭。你说分手，他刚好不挽留，不过是给了自己一个台阶下，掩耳盗铃的让心里的愧疚感少一点，对你的伤害也貌似少一点。

没有挽留的感情失去后，不必假慈悲。你都没有努力，甚至连垂死挣扎也没有，有什么权利后悔。守着自己的一亩三分地，那么倔强的人，不必说后悔。

## 04

还记得，梁实秋说，你来，风雨无阻我去接你，你走，我不送你。

是啊，我能留住你的人，留不住一颗想走的心。还不如潇洒点，让你少点回顾，放你独自远走，去追你的自由。

想起电视剧《我的前半生》里完美女神唐晶要去香港谋求更高的发展时，闺蜜攒局希望贺涵能挽留唐晶，贺涵却问："什么时候走，机票订好了吗？"

说好的十年感情，爱她的努力，爱她的上进，也掩饰不了不爱她这个人本身的事实。那些以为的爱，不过是欣赏，看客般的欣赏。真爱她十年，怎么会连句挽留的话也说不出，连一个她想要的结果也给不起？

在感情里，磕磕碰碰从来不是稀罕事，吵架扭头就走也没什么大不了的。可是如果你这么爱耍酷，爱说尊重你的选择，爱冷眼逼着她提分手，你还谈什么恋爱啊！

这样的爱情里，你更爱自己。既然你总是这么潇洒，那对方也可以了无牵挂。你的成全，还给你要的碧海蓝天。

## 不能继续爱你，但我依然想谢谢你

*01*

周末的时候，去见了几个朋友，在一间叫"白日梦"的书店里，我们侃侃而谈，聊生活，聊成长，聊工作，但聊到最后，总不可落俗地聊到了感情。

阿冉是我们当天的摄影师，水果、桌子、书和人，在阿冉的镜头下散发着诱人的魔力，我们打趣道："阿冉，你拍照技术这么好，谁当你女朋友就幸运啦。"

阿冉大方道："还别说，我这拍照还真是因为前女友才学的。"搬好小板凳，在大家殷切的目光下，阿冉几次语塞，但最终还是回忆起了往事。

阿冉和前女友是在学校认识的，喜欢了人家大半年，一直没敢表白。后来怕这么好的姑娘被别人追走了，就赶紧行动，谁知惊喜来得这么快，这事竟然就成了。

后来便是各种甜蜜，各种恩爱，各种幸福。眼看着感情蹭蹭蹭朝着见家长的方向发展了，但离一帆风顺终究还差点儿。工作的压力，现实的挫败，语言的交锋，未竟的承诺，一件件都在考验着爱情，消耗着爱心，身在其中，人不自知。

后来不免鸡飞蛋打，伤心人不回头，从此各安天涯。

阿冉感叹道："我一直赞同女性是男性的学校，虽然没能走到底，但我真的很感谢她。"

听着如今拍照技术一流，工作也还不错的阿冉，说起这些话，竟然有恍如隔梦的错觉，我变好了，可你却不在我身边了。

## 02

我和袁哥熟络起来，是在大学。他时不时在微信上，找我聊天，看似无意，实是有心地问我，最近有没有和小园联系。我只好实话实说，联系不多。

袁哥是个踏实的人，对于他和小园的感情，作为局外人，我不能给他虚无的希望，也不愿给他无意的失望。

大四那年，小园急性阑尾炎住院。小园室友辗转联系到袁哥，袁哥二话不说，从北京连夜赶到南京，结医药费，守护床头，买饭买水。

小园父母赶到医院时，袁哥已经守护了一天一夜。父母心里明镜似的问，他是谁，小园只说，是同学。

这场暗恋早就成了明恋，却始终是一个人的心事。如他们的名字，他是袁，她是园，似乎有着某种联系，却又没有真正的关系。

从高二开始，袁哥喜欢小园，已经七年了。从校园到社会，七年好像很快，我们都成长了，可是也好像很慢，我们始终在原地打转，没有开始。

前些天，袁哥告诉我，他已经删除小园的联系方式了，这些年就像自己给自己构建了一个梦，只是梦终究是梦，只存在脑海里，未曾有一点现实的气息。

## 03

这几年，看到身边很多朋友，寻寻觅觅，分分合合，兜兜转转，却依然难过情关。

有人热烈爱过一场，却如飓风过境，匆忙奔赴下个半场。有人小心翼翼，词不达意，最终也只能留下空荡回忆。

就像那个亘古难题所说，拥有后失去，与从未拥有过，哪一个更让人难过。

我们都只是生活里的普通人，一生一世一双人纵然是最好，若是爱的路上磕磕绊绊，摔了几跤，我们要做的不是不走路，而是踢开这个让自己摔跤的石头，爬起来继续往前走。

尽管爱你让人遍体鳞伤，但依然感谢你教会我独自坚强。尽管爱你让人心酸流泪，但依然感谢你教会我勇敢面对。

*04*

　　青涩的恋爱里，最珍贵的就是真心，可最容易挥霍的也是真心。曾经很长时间，我都以为爱情是坦荡张扬的，后开才知道，爱情是低到尘埃里的，它让人甘于妥协，甘于放下姿态，甘于变成对方喜欢的模样。

　　因为爱一个人，失去自己本来的样子，热烈变成温和，张扬变成内敛，内向变成主动，害羞变成勇敢，这一切只因为你喜欢。

　　小小的心脏里装的都是你的梦想，因为希望你看到我的好，所以我在不遗余力地变好。可一个人还没达到目标，另一个人就要扬帆起航，生活的洪流汹涌而来，我们再也回不去了。

　　男生的幼稚和死缠烂打，女生的任性和歇斯底里，无一不是在消耗着曾经的甜蜜。分手来袭，起初靠着回忆度日，挣扎着不肯放手，后来回忆消失殆尽，自然而然就累了，散了。

　　怪我们太年轻，还不懂如何爱一个人，怪我们爱得太拙劣，太过自以为是。

　　原来所有的分手陌路早有预谋，绝不是突然出现。也许想了好多次，想好好告别，想优雅，想得体，最后都搞得场面难堪，一塌糊涂。

　　哭过、痛过、恨过、辗转反侧过、像疯子一样撕扯过，但最后还是没能真正恨起来，怪自己太懦弱，只有放弃的倔强，却没有怨恨的力量。

最开始爱一个人是真的，后来决定离开也是真的，仿佛是做了一个多年的白日梦，梦醒了，生活还要继续，还要前行。

我们都只是凡人，都在年轻时折腾，也曾在爱里迷失受伤害，但依然想说，遇见你，生动了我的青春，爱上你，惊动了我的人生，哪怕最后没有在一起，我不能再爱你，也不能再怪你，但却很谢谢你。

曾经的陪伴、照顾、温柔，都真真切切地温暖过我，给过我新生。用力爱过的人不必计较。说对不起，太无能为力，道一声谢谢你，你依然美丽。

## 不爱你，因为你还不够格

*01*

上个周末和唐唐逛街，以前嫌弃粉色嫌弃得要命的她，破天荒的，要买粉红色的衣服。

我调侃她，恋爱的力量真伟大，快说，何方神圣把你收了，改造得如此彻底。

唐唐一脸满足地将她与王先生的爱情故事娓娓道来——她说的每个梗他都接得上，她做的每件事情他都支持，她迷惑不解的地方他总能恰到好处给予提醒。最后她说："这辈子，就是他了！"

我大跌眼镜，我认识的唐唐是个对代码狂热的技术女，是个扬言要 30 岁结婚的独立女，是个坚持非互联网程序员、非 180 身高、非颜值不够绝不谈恋爱的倔强女。可是她口中的王先生，哪条都不符合，她居然要结婚。

唐唐说："他虽然不符合这些，但和他在一起，他让我忘记了这些标准。我算是知道了，所谓的标准、条件，这都是不爱一个人时，强行说服自己的借口，当真遇到一个对的人时，都没用。"

是啊，三毛也说，如果不爱，百万富翁也不嫁，如果爱，千万富翁也嫁，如果是荷西，能够吃得饱就好了，还可以少吃点。

真的爱一个人，之前的标准都可以不要。


## 02

明明只过了半年，可上次谈恋爱，唐唐还真不是这样子。

前任是名校研究生，好学生，彬彬有礼，也有点孩子气。唐唐买了拼图打算打发无聊，男生说，那是小孩子玩的，没意思。

有一次因为技术问题，唐唐把自己的电脑弄死机了，又气又急躁。男生在旁边："哎呀，你不要急，总会弄好的，要不我们先回去吧，明天再弄。"唐唐理都没理，把他打发走后，一个人在办公室折腾到十一点多，在办公室睡了一夜。

唐唐向我控诉，我已经在问同学怎么解决了，他帮不上什么忙不说，还在我耳边嗡嗡嗡，一点实际作用都起不到。

其实类似这样，男生好意、唐唐不领情的事情，还有很多。

和男生一起吃饭，唐唐必定把账单算得清清楚楚，然后转钱给他。

男生喜欢看书，叫她也多读书，别整天搞代码，她一个字也听不进去。

别别扭扭谈了三个月，终于在男生搞不清楚女生生气原因，还一个劲不走心的道歉下，唐唐连正眼都没给他就分手了。

唐唐后来总结说："他就像一个穿着皮鞋装大人的小孩，看着绅士有礼，实际上根本走不出大人的优雅自然。"

恋爱里的男生，很多都是思想上的巨人，行动上的矮子。同龄的女生总比男生成熟，那些光说不做的小伎俩，女生心里明白。

## 03

其实，真的不是她不会改变，而是你的分量，还不足以让她改变。

如唐唐，180度大转弯。因为她的王先生说了一句"春江花月夜"，不知如何接话，非技术书不看的她，竟然看起了唐诗宋词。

因为她的王先生说了一句"你以后要是还想读博呢，我就每个月工资留600块吃饭，其他都给你读博"，她再也不抢着转过去饭钱了。

因为她的王先生把她介绍给父母了，她像个小媳妇儿样唠叨着，要收敛下急躁好强的脾气，做个好女友，好儿媳。

这就是区别，任何一个强大的女人，碰到真正宠爱她的男人，都会变成小女人，温柔，可爱，傻萌，呆笨。

所以，不是她太强，太作，太任性，是你段位不够，招架不住，还不能让她心甘情愿地为你放下盔甲，做个小女人。

你看到的都是她的彪悍，她的厉害，她的坚强，说明你还不够格，让她爱上你。她不爱你，为什么要向你展示女人的可爱和温柔。

## 04

我相信："人之初，性本善。"所以我也相信最初爱情的发生，只是因为爱。

因为爱，所以坚硬变成柔软，胆小变成勇敢，强势可以温柔，浪子可以回头。

所以，还在相信爱情的女生说，面包我自己挣，你给我爱就好了。伤过心的女生说，要么给我爱，要么给我钱，要么给我滚。

爱一直是放在第一位的，没有爱，才会去要其他东西，平衡内心的缺失。

身边见到的朋友里，懂事的女生一般不会向男朋友要这要那，但如果，她从来不要，事无巨细，一律 AA 制，潜台词是，想养我，你还不够资格。

女生都喜欢甜言蜜语，如果你将照顾她一生说得很动听，她却波澜不惊，潜台词是，要照顾我，你还没有那份能力，嘴上说说而已，但我真的不敢信你。

上进的女生从不会放弃学习成长，你说，看看书吧，培养情商，她不听，还怪你多管闲事，潜台词是，你自己都没做好，根本说服不了我去做。

承认吧，女生可以因为爱上一个人，什么标准都不作数，也可以因为不爱一个人，再小的标准也会是拦路虎。


05

蔡少芬参加真人秀节目时，生怕别人不知道她老公，走到哪里都是我老公，我晋哥，十足的迷妹脸。论名气、成就、地位，蔡少芬都是一等一的好，什么样的荣华富贵没有见过，可她甘心在张晋的宠爱下，变成一个天真的小女人。

好的爱情有很多相似的因素，是势均力敌，是一起成长，是包容与爱，但是归咎到根本，还是一个词，安全感。

也许有人会说，安全感是自己给自己的，没错，我也承认，人首先是一个独立的人才配谈爱。可我也相信没有一个人是全能的，能给你更多更大的安全感的人，你怎么会不爱。

男人需要安全感，所以最后娶回家的都是善良懂事的女人；女人需要安全感，所以最后选择的都是给她很多宠爱的男人。

　　男人要的是理解，女人要的是宠爱。碰到一个好女人，男人能变成英雄，碰到一个好男人，女人能变成乖顺的猫。

　　所以，男生，别再说分手是因为钱不够、颜不够、智商不够，问问自己，你真的为她改变过，努力过，让她看到你想牵手一生的决心和诚意了吗？

　　所以，女生，也别再说他不是你要找的类型，你们不合适，你只是真的没法继续爱那个对你不好，还不努力的他，没有爱，一切都免谈。

　　而那些好姑娘，当她真的爱上一个人，她可以放下标准，跟你走，崇拜你，为你心甘情愿；而那些好小伙，当他真的爱上一个人，他也可以摒弃不成熟，爱你，宠你，为你勇敢担当。

## 愿你遇到不将就的爱情

微信上，和大徐语音聊天。她直奔主题："欣，我失恋了，快安慰下我。"

失落的语气里夹杂着稍许的松一口气，我打趣她："还能主动找安慰，看来还好嘛，吃点好吃的就过去了，乖，别想了。"

见我并没有苦口婆心劝她要宽容、要理解，大徐反倒亢奋了起来。她故作洒脱表示，分就分了，我照样过自己的生活，没有他我过得更好。

我不忍心戳穿她的口是心非与倔强，因为我见过她和前任五年感情的磕磕绊绊。她已经决定了，就不需要开导，只需要我陪她聊聊天，消解下心慌。

从高中到大学，到毕业，大徐一直扮演着一个陪伴者和等待者的角色。她上大学时，前任复读；她参加工作时，前任考研；她想要一个家时，前任还在啃着厚厚的医学书籍，全然没踏过社会的轨迹。

我知道这几年，因为异地、生活不同步，还有想法差异的问题，大徐和前任有过很多次不愉快的吵架经历，有的时候气得心口疼，但想到五年的感情，还是轻易地缴械投降，和好如初。

年少时我们都这样，爱上一个人，眼睛里为他下着雨，心里却为他打着伞。后来，在生活的每一天里，将伞打破了，也没等来心上人为你拭去泪水，让你笑靥如花。

于是，我们丢开那把破伞，豪迈地说一句："谁要为你打伞，没有你我过得更好。"

大徐感叹，我不怪他，终究不合适。管他呢，我一个人更潇洒。以后，遇到合适的，我就结个婚，遇不到合适的，我就单身。

02

听到大徐说这句话，我的心猛地一震。两三年前，我曾和大徐一起打桌球，那时我们互相调侃，大学毕业就要给对方包红包啦。可是如今，四个人变成两个人，我和大徐在微信上说着失恋的故事，真是个悲伤的故事。

无独有偶，阿余也是我们单身队伍中的一员。高三那年，我、大徐、阿余，三个人睡在一间宿舍。

高三的紧张与强压，并没能压制住青春的荷尔蒙。在我还是个乖学生的时候，阿余已经与大学学长谈起了甜蜜的恋爱。班主任耳提面命，阿余小心翼翼；高三枯燥难扛，阿余苦中想他；课桌上堆满试卷习题，阿余憧憬着考到他所在的学校。

高考的结束，终于让一切的躲躲藏藏，变得光明正大。阿余终于可以和他手牵手，终于可以不用担心被请家长，终于不用靠着手机才能想象着对方的呼吸。

大学里，阿余和学长将恋爱谈得轰轰烈烈，人尽皆知。那种你就是我的，我也甘心只爱你一人的坚定与勇敢，丝毫不输紫霞对至尊宝说，这座山上所有的东西都是我的，包括你。

那时，我直呼，我知道爱情，我经历过爱情，我见过真正的爱情。最开始是高三里阿余的勇敢，后来是大学时自己的妥协，再后来是大徐五年异地等待的坚守。

现在，我们在人群里来来去去，也再没找到一个能让自己不顾一切的人。这时才明白，原来，我们根本没见过爱情，也不懂爱情。

杨绛对钱钟书说，从今以后，我们只有死别，不再生离。他们用一生的陪伴验证了爱情，而我们大概只是用一段时间，辨别了那不是爱情。

*03*

有的时候，我们不能理解，为什么当初那么浓的爱，也会消失不见。当初那么真的感觉，现在想起来，全是错觉。

难道真的是，花花世界，不必当真吗？

身边的朋友里，有对象的很多，但是坚定的却不多。明明两个人已经见了家长，甚至有的已经越姐代庖帮对方看了房子，嘴里却说着，我只是谈恋爱，不一定跟他结婚啊。

我可能是个传统的人，不打算结婚却那么热心帮人家看房选房，那么放心地见人家父母，这是哪门子道理？

明明已经在结婚的路上越走越远，心却还是不确定，为什么人与人之间再也没有当初的那份全力以赴了？

《从前慢》里唱，从前的日色变得慢，车、马、邮件都慢，一生只够爱一个人。现在车快，脚步快，感情来得也快，却弄丢了自己的爱情。我们怀念那种只此一人的爱情，但也很难做到了。

我们越是怀念，越是稀罕。而怀念，恰恰说明已经失去。


*04*

和闺蜜聊天，我们的话题不自觉变成了工作、挣钱、找对象。我惊呼，天天姐妹淘怎么会有新故事发生呢？

一朝被蛇咬，十年怕井绳，在爱情里被绊过的人，就像惊弓之鸟。于是就这样，一边诉说着期望，一边担心再次受伤。于是一边渴望着爱情，一边害怕着爱情。

曾看到有文章写，男生追女生，不知道进度条到哪里，所以要么追一半放弃，要么不敢追。事实上，女生等男生，不知道等不等得到希望，何尝不是要么等不了半途而废，要么不敢等。

一个不敢追，一个不敢等，哪里还有爱情呢。多少的牵手拥抱，不过是综合考量之下，对方还不错、到了年纪、家人催得紧之下的妥协罢了。

先确定关系，再谈恋爱，就像赌场里买定离手。下注下得好，也可以收获个遇见爱情；下得不好，那就是鸡飞狗跳、钩心斗角。

其实，爱情本就是件风险很大的事情，但高风险的背后，是高收益。既然当初可以爱得死去活来，后来也决绝地分道扬镳，为什么不能勇敢点寻找真正的他。

如果因为害怕，就不敢寻找真正的他，那才是损失大。这个世界遵循能量守恒定律，相信感情也是守恒的，你在某个人那里失去的，会有另一个人还你。

漫漫一生里，总会有一段不将就的爱情等着你。勇敢些吧，千万不要因为一段失败的感情，失去爱一个人的能力。

你可以不期待爱情，但一定要相信爱情。因为，期待表示你要别人给，相信代表你可以自己争取。

## 原谅他 77 次，最后一次留给自己

我们身边的关系，大致分为 3 种。

一种是不用费心维持，也会一直存在的，比如血浓于水骨肉相连的亲情；一种是双方有意用心建设的，如果一方不去维护就会破裂的，比如友谊、合作关系；还有一种是一个人不肯认输，单向付出，强行生出的关系，比如暗恋、备胎、爱情里的守候者，都是如此。

爱情是两个人的事儿，有多少人在遇到爱情后，把爱情变成一个人的事儿。一个人独自逍遥，另一个人暗自神伤；一个人放纵享受，另一个人默默承受。

如果是机器出现故障，机器永远不知道自己发生故障，会生产出有问题的产品。可是，人不是机器，感情若是出了故障，人是能感受到的，也是会有清醒的一天的。

如果一段关系需要刻意维持才能拥有，那么不如趁早放手。如果一段感情需要反复原谅才能继续，那么不如赶快转头。

## 02

电影《原谅他 77 次》里，女主角 Eva 和男主角 Ada 是从中学开始相恋十年的恋人，工作后同居在一起，生活的面貌开始一览无遗，爱情的小船也面临危机。

有一次看电影，Ada 迟到了，Eva 在等待中无意邂逅一家叫"心跳快门"的小店，店主给 Eva 推荐了"原谅他 77次"的记事本，大概每个拿起这个本子的人，心里都有一个原谅了好多次的人吧。

Eva 在这个本子上写下看电影时 Ada 迟到，她在雨中站到腿酸的心事，有了第一个无人诉说的心事，后面便是越来越多的心事。

Ada 买回太长的白色沙发宽出墙壁一截，Eva 怪他买之前为什么不知道量好尺寸；Ada 在饭桌上与 Eva 的爸爸因为球员是否越位争执不休，任 Eva 在桌底下踢断腿也于事无补；Eva 爸爸生病住院需要人帮忙时，Ada 喝得烂醉，人事不省。

Ada 把律师的工作当儿戏草率地辞职去当拳击教练，没有足够的准备也没有事先的商量；Eva 和 Ada 旅行找路赌气离开时，陌生的地方，Ada 也没有追上去顾忌 Eva 的安全；

Ada 在 Eva 生日时送了她一个用戒指盒装着的纸折的"心"，说是一个 1T 的云盘，可以存下很多照片，Eva 哭笑不得；Eva 从冰箱拿饮料问 Ada 喝不喝的时候，Ada 充耳不闻，手指在手机上飞快，眼里笑眯眯；Eva 背对着 Ada 睡在床上，眼角流出泪水，滚烫的泪水告诉自己，这是最后一次为他哭了。

好的男人把事故变成故事，坏的男人把故事变成事故。

03

当 Ada 打不通 Eva 电话，看到衣柜空荡荡的时候，Ada 像个小孩子一样追问为什么。迷妹对 Ada 投怀送抱，Ada 顺其自然地与她在一起，并扬言三天之内娶她。当他意识到没有 Eva 自己什么都不是的时候，在 Eva 闺蜜结婚的现场当众道歉，并承诺以后好好珍惜她，Eva 又一次跟他走了。看吧，稍微一点好，女人就可以什么都不要跟你走。到家，Eva 在卫生间看到女士隐形眼镜盒，终于可笑，终于清醒，终于明白，既然离开，何必回来，没有人能在一天脱胎换骨，为什么自己还相信他会为了自己真的做过什么，真的改变了什么。

Eva 冲下楼，脱掉高跟鞋，把那本记载了 76 次伤心的记事本扔在了垃圾桶，赤着脚大步走在路上。

这一次，Eva 终于作出了正确的选择。也许她终于明白，女人就是这么不争气才会让自己一次又一次地受伤害。扔掉那本本子，彻底告别过去，才能往前走。本子记载了 Eva 的每一次伤心落泪，也记载了 Ada 每一次把 Eva 推得远一点，更远一点。

如果爱情是幸福的模样，谁也不想把不开心的事情记录下来反复提醒自己曾经的不愉快时光，可是当心里积累的次数多了，无人诉说时，这便是说给自己听的话。

当 Ada 忘记恋爱纪念日，Eva 很体贴地说"我知道的，我也没指望你记得"时，是多大的心酸与失落。爱情里，一个人哭的次数多了，渐渐地心也就远了。

## 04

在爱情开始时，我们都有自己的一亩三分地，因为爱情要磨合，要体谅，要理解，要付出，我们慢慢失去了自己的地盘。变得委屈，变得狼狈，变得不敢在人前秀恩爱，也不敢在人前提起他。

然后就骗自己说，我爱他，愿意为他牺牲，我不计较，我大方，一次次地骗自己，到最后落荒而逃丢盔弃甲才猛然清醒，所谓付出，所谓原谅，所谓理解不应该是相互的吗？谁也没说这些是一个人的事，一个人在爱情里高尚，丘比特会发奖章吗？

其实，这世上，哪有秀不出的恩爱，哪有难以启口的爱人。如果有，那大概是爱错人了。

在那些虚伪的自我催眠背后，其实是害怕直视自己内心的声音。人心都是肉长的，对痛苦都是一样敏感。每个人都有那样一个受伤的本子，有的人是日记，有的人是泪水，有的是藏在心里，这个本子写完的时候，也到了结局的时候。

原谅一个人不难，难的是原谅他还要说服自己，他会懂的，他会改的，他会珍惜自己的。你永远叫不醒一个装睡的人，他会不会醒，什么时候醒，只有他自己知道。

原谅他77次，最后一次留给自己吧，用来原谅那些亏待过自己的日子，与过去的自己和解，好好地向前看，好好地生活。

亲爱的女孩，对过去的岁月挥挥手，对过去那个自己说声抱歉，痛痛快快地哭一次，彻底告别那些不堪回首的日子，然后依然阳光，依然微笑，迎接新生。

## 好的爱情，一定是彼此欣赏

*01*

　　一位女性朋友在朋友圈秀恩爱："我越来越欣赏我家先生了，因为他就像一个智慧的源泉。教我爱人，教我不轻易计较，教我对待金钱的态度。"

　　最后她总结道："我不知道我们会不会变得很富有，但却十分确信我们永远不会贫穷。"

　　字里行间都是满满的笃定和发乎内心的欣赏。他愿意教，她懂得受教；他愿意提醒，她懂得领悟。

　　我们一众好友都在朋友圈底下点赞评论，酸酸的语气里不乏羡慕：这么好的爱人哪里找的?!

　　朋友解释说，这些感想来源于一次打车小事。朋友和她先生打的去餐厅吃饭，路程很近，到目的地时计价表上却显示 14 元。朋友嫌贵就小声嘀咕了两句。

当时，她先生一边付钱，一边用眼神示意她不要说。下车后，先生很认真地对她说："亲爱的，今天这事儿，我要批评一下你。永远不要跟一个靠辛苦挣钱的人计较，这样显得很掉价，知道不？"

朋友说，那一刻她突然意识到自己一直以来其实都是在人群中横冲直撞，幸运的是，没有大伤。

刀光剑影的社会江湖里，偶有小情绪小波动，没有大伤大痛，其实是因为，有人一直在默默保护着自己。

## 02

其实，不止这一次，之前朋友也经常在朋友圈分享与她家先生的彼此倾慕。

比如，她佩服先生工作时的思维缜密，她喜欢先生偶尔准备的惊喜，她觉得先生优秀是因为婆婆更优秀。

除此之外，朋友也会嘚瑟先生对自己的赞赏。先生总夸她知书达理、善解人意，先生觉得她能在关键时刻提醒自己，先生怪她手艺太好把自己养成吃货。

其实，我并不太爱看满屏剪刀手自拍的秀恩爱，但这位朋友的恩爱，总让我情不自禁点赞。

因为他们的恩爱有温度，有质感，有爱慕，有生活细节的坚实，有出自内心的欣赏。而不是浮于表面的凑合将就，也不是敷衍应付的心不在焉。

他们发自心底地承认着对方，倾慕着对方，崇拜着对方。懂得包容对方的不完美，更懂得欣赏对方的优点。

这样彼此欣赏的爱情，才会惺惺相惜，才会灵魂合契。因为，从心底里，他们对彼此的判断就是平等的，旗鼓相当的，门当户对的。你有很多我喜欢的优点，我也有很多你欣赏的个性。我不会看轻自己，亦不会看低你。

## 03

彼此欣赏的爱情是稳定的，幸福的。对方那闪闪发光的特质，就是他吸引你的地方，也是你主动靠近主动付出的原因。

可是，如果没有欣赏与懂得，只有一些虚荣，一些应付，一些美色，一些金钱，再美好的爱情也会分崩离析。

人终究都是自恋的。当你从心底里开始瞧不起一个人时，又怎么能强颜欢笑爱下去？

身边曾有一个活生生的例子。亲戚家的女儿初恋是个穷小子，所幸女孩儿真心，女孩父母比较开明，只要感情好，房车不强求。

婚后，两人住在女方父母买的婚房里。男生把老母亲接到城里新房住，因为婆婆与女孩生活习惯不同，矛盾不断，女孩开始责怪男生为什么接母亲过来不跟自己商量。

男生非常理直气壮，声称父母年纪大了，想让他们享享福。可这件事却让女孩感到委屈："我家买的房子，你接母亲来住至少跟我商量一下吧？不商量不说，还完全不考虑我的感受?"

成见一旦有了,只会越长越盛。男生后悔为什么要住女方买的房子,女生恼恨丈夫自己不争气;男生太过维护母亲,女生觉得自己赔房又赔人太傻。

终于在产房里,丈夫还是没有表现出一个男人该有的担当时,女生下定决心离婚。哪怕是多年初恋,孩子刚出生,女生依然坚定得头都不回,一如当初没房没车也要嫁给他的倔强。

其实这一切都是因为看不到对方的价值了,不再欣赏对方了,不再觉得对方独一无二了。一颗心开始计较彼此谁好谁差的时候,大概就是感情走到头的时候了。

## 04

事实上,在爱情里,我们都该有底气些,有能耐些,选择一个自己真心喜欢并欣赏的人。

这种欣赏,不是瞻仰,更不是俯视,而是一种我懂你的深情。梗着脖子使劲儿仰望,时间久了会累;骄傲得站在高处不肯下来,时间久了会凉。所以,最好的姿势其实是我踮起脚尖,你轻点下巴,就可以亲吻到彼此。然后看清你的眉目,读懂你的表情,进入你的内心。

只有互相吸引,彼此欣赏的感情,才不会在漫长的时光里,被生活的琐碎磨灭。相反,这是一种从内到外的力量,一种良性发展的循环,让两个有爱的人可以风雨同船,也可以笑看人生。

也许有人会说，爱情还需要妥协，需要支持。的确，这些都很重要，归根到底，这些都是欣赏的延伸。如果不是源于欣赏，何来情投意合和理解包容；如果不是源于吸引，又为何人群中独独爱上彼此。

所以，爱的本质是一种认可，认可才会欣赏，才会懂得，才会付出。

爱人的心应该没有罪，我们都有选择幸福、等待幸福的权利。说白了，所有的宁缺毋滥都是因为要求高，所有的爱慕都是由于欣赏才生根发芽。到那时，只要他是那个唯一契合的灵魂，再晚你都不会怕。

## 为什么不快乐？ 因为总是期待一个结果

*01*

大学室友微信上向我发牢骚，大意是说：自己虽然知道男朋友不太合格，但想到他也不容易，所以每次闹矛盾之后，还是理解居多，妥协居多。可下次，依然会因为一些别的小事吵架，吵完后就是巨大的后悔和虚无。

室友显得对自己无能为力：我明白，和他很难有未来，可是只要他联系我，我又忍不住接他的电话，回他的信息，赴他的约。

女生的语气里透着许多对自己的无可奈何和对男生的失望埋怨，可是又做不到真正的断舍离，于是在拖沓的情节里纠结矛盾。

很多人对这种感觉应该都有过体会：这是第一次谈恋爱，对对方赋予了太高的期待、太完美的设想后，发现对方也只是一个普通人，并不能为你带来岁月静好时的心理落差和不满情绪。

但遗憾的是，当很多女生发现，一段感情陷入温水煮青蛙的地步，要么一颗心已经收不回来，要么自欺欺人不想收回来。

于是开始三心二意，患得患失。做不到新人换旧人，也做不到狠心跟那位断得一干二净。劝别人面对感情要潇洒，轮到自己时，一团乱麻。

嗯，实际上这并不是个例：情爱里，无智者，我们都是在摸着石头过河。


## 02

一段感情开始时，我们都是这般期待；后来却发现，最容易辜负的就是真心。

也许你开始为他挑选衬衣，你开始担心他工作太辛苦，你开始想要做些什么为他分担生活重担。

当初他承诺会好好爱你，好好照顾你，后来却成了你在为他担惊受怕，为他委屈自己流眼泪。

因为，相比眼前的虚荣享受，你想要以后，想要未来，想要天长地久，想要光明正大，于是你从心底里升腾出一种奉献精神来，为他节约，为他考虑，为他牺牲。

可并不是人人如你一般傻气，另一种聪明的女孩，似乎天生就有着享受的觉悟，从不像你一样问那些让人恼的问题。

比如：你能不能下班回来和我交流一下？你到底有没有想过未来？你对以后有没有计划？打算什么时候见家长，什么时候结婚？

所以，在年轻的男生眼里，可爱的女生才不会问送命问题，也不会逼迫他承担责任。她可爱，娇俏，事儿少。

这是很多二十多岁男生的通病，他们最怕的就是一个女生问他要未来，要责任，要计划。他们的肩膀太窄，还承担不起生活的重量。

那些好女孩，在爱情里，真爱至上，爱上一个人时，会有一种发乎内心的忘我与付出。愿意等到青春逝去，愿意等对方功成名就，愿意教一个男生变成男人。

真正在乎的人才会束手就擒，不上心的爱当然更潇洒。


*03*

其实，出现这样尴尬境地的原因是，好女孩把爱都留给对方，却唯一忘了爱自己。

当你在为他守候等待时，为他满怀期待时，为他计划蓝图时，他可有对未来的行动与表现？

当你为他节省心疼，舍不得花钱时，可曾想过他是否会注意到你正青春一天比一天少，对安全感的需求一天比一天强烈？

当你为他回头了一次又一次，找了一个又一个借口，却仍然不争气舍不得离开时，他可懂你的这份不舍？

　　所以，那些好女孩总把男生往男人的路上领，要他们负责任，要他们有担当，要他们成熟。最后却弄得遍体鳞伤，用自己整个青春为一个幼稚男生的奋斗买单。

　　世间万物都是平衡的，不懂得珍惜的人终将失去一个真心爱他的人；一个逃避面对问题的人，最后也会与真正的美好失之交臂。


## 04

　　其实，身边接触到的女孩里，很多都非常独立，尤其在经济上不再需要男生支持，但是都想要被宠爱的感觉。

　　可是，同龄的女生往往比许多男生成熟，女生要的那种稳稳的幸福的感觉，或许男生并不了解。

　　二十多岁的爱情里，女生拥有的是最好的年华，男生拥有的是最真最热烈的心。这两者都贵重如金，可惜却得不到匹配和守护。

　　男生不够成熟周全，不够创造物质基础，不够表现责任担当，不够为两人的未来扫清障碍；

　　女生不够理解包容，不够设身处地真正理解，不够刚柔并济，不够发自内心地支持与信任。

　　所以，二十多岁的初恋里，才有那么多的爱而不得。

　　实际上，不管是男生还是女生，当一段感情接触到现实的土壤，就开始矛盾不断、争吵不断时，感情的缘分或许就要到头了。

这个过程里，我们不舍得放弃一段刻骨铭心的感情，也不知道该如何假装忘记过去坦荡走下去。于是，整日在纠纠结结、别别扭扭、哭哭啼啼中度过。

而我们之所以在一段不舒服的爱情里纠结，除了不舍得，更多的是没底气。

随着我们年纪一点点在增长，金钱美貌能力各方面的底气并不是很足，一方面怕找不到更好的人，另一方面又怕所托非人。

## 05

想来，会为恋爱烦恼的人，应该都不小了。很多事情其实一直明白，只是不想说破，让彼此难堪。

二十多岁男生不提未来有两种可能：一种是不爱，一种是爱但不知道怎么做。第一种可怜，第二种遗憾。

不管是哪种，都不必怕。我们最该做的事是不断修炼自身，若对方并非良人，请绕道走，不给他伤害自己的机会；若他只是太过年轻，但真心难得，潜力大，依然可以是你值得的期许。

事实上，我们的心里对于自己的感情都明白着，旁人说再多，也没有自己清楚所有的细节。有时候，难下的不是决定，而是决心。

我们每个人，都该有能力自己挣钱买糖吃，也可以伸手要糖吃。而不是最后，落下一个"好女孩"三个字，就什么都没有了。

　　好女孩这个头衔，不该是你为爱牺牲的枷锁，更不该是你得不到幸福的原因。

　　最后，我告诉室友："亲爱的，我可以听你倾诉，陪你伤心，但是不能帮你作决定，不管你作什么样的选择，除了自己，你不用跟任何人交代。"

## 等不到的消息，就别等了

*01*

周末小文约我喝茶，看着她红肿的双眼，以及这些天她微博里欲盖弥彰的失望，我大概猜到些什么。

还没等我酝酿出安慰的话语，小文故作潇洒开门见山："我和林峰分了。"

我正搜肠刮肚想怎么开导她，小文反而善解人意地说："其实，我就是想找个人发发牢骚，我知道，我们之间已经没有爱了。"

听了小文后来的倾诉，我也差不多明白了。这场你侬我侬的恋爱，起于聊天，也死于聊天。

一开始热恋期，是男方打不完的电话，说不完的腻歪，以及微信消息的秒回。

后来，却变成例行公事的接听来电，一句废话不多说的冷漠，和看心情回消息的敷衍。

最后，是在小文翻看聊天记录时，看到一张照片，那是林峰出差时在路边随手拍的，他说那个路灯很好看，就想让她也看看。

可是时至今天，别说看到好看的东西就会跟小文分享了，就是小文问他事情，他也不愿多说。

从前，没话找话，也想多跟你聊聊；后来，话不投机，你多说一句就是烦恼。

## 02

小文看着那张路灯的照片，想到如今两人之间的零交流，不争气地对着手机哭了好久。

眼泪哭干了，心就空了，心空了，脑子就清醒了。

小文作了决定："林峰，我们分手吧。"那边一个字言简意赅："好。"

所有的不确定都在那一刻成为事实。以前，发过去的消息几个小时都没人回，小文安慰自己，他或许在忙。

好不容易第二天终于回复了几个字，可语气里也极其应付："我太忙了""下次再说吧""你自己看着决定"，小文体谅，他或许太累了。

可真正看到，分手时对方干净利落的态度，还是让小文心碎，他毫不挽留的样子，让人以为他好像从来没爱过一样。

原来如此，心不在了，怎么会有心思在意对方的感受，怎么会在意对方的等待呢。

说白了，他只是没那么爱你。

## 03

电影《无问西东》里，抛开主角的青春故事不谈，里面有一个细节让我感到震撼。

结婚多年，许老师从不与妻子淑芬共用碗筷。抓狂的淑芬砸了许老师的碗，尽管如此，许老师宁愿用铝皮饭盒喝水，也不用妻子的碗。

看到这里，我不禁唏嘘。一个知识分子，宁愿用最粗暴的冷战方式表达态度，也不肯与妻子推心置腹地交流一番，哪怕是吵架也比什么都不说来得好啊。

当对方开始有意无意地不回消息，不表达想法，不愿分享交流时，恰恰说明，两个人之间的爱在冷却。

等到他甚至连装模作样都不屑，表现出一副破罐破摔的姿态"我就这样，你能奈我何"时，潜台词其实是，我早就不爱了，是你自找没趣的。这时，爱大概早已结冰。

其实，聪明如你，敏感如你，怎么会感觉不到两人之间感情的变化。

女人，天生有着第六感。他的语气是否敷衍，他的眼神是否躲闪，他的行动是否走心，他的感觉是否如初。你又怎么会感受不到呢？

真的，很多时候，让你受伤的不是事件本身，而是你对事情的执念与自欺。

淑芬与许老师之间的结合是个错误，才造成了后来淑芬跳井的悲剧。可是，新女性的春风已经吹了十多年，我们明明有着自我选择的权利。

两个人的认识与了解，无非始于聊天；两个人的决裂与陌路，也终于不再聊天。当你等在手机屏幕前，生怕错过他的消息；当聊天框一动不动，他朋友圈却一片热闹；当你早上发的消息，对方隔天才回甚至不回。你就应该知道答案了。

的确，不能一棒子打死所有人。对方或许在忙，没有时间回复你，不知道怎么回你。

可是一整天不看手机你信吗？连简单交代几句的时间都没有你信吗？除了没时间回，真相更多的是，不想回。

爱是一点点积累的，不爱也是。当你一点点清醒过来，就会意识到，在不爱你的人身上多等一秒，都是浪费。

而我们，选择一个人一定是能让自己的生活更加丰盈有趣，而不是无尽的等待与猜疑。

如果，那个人一直不回你消息，你就不要再找他了，因为，他根本不属于你。

## 分手后的假情深，不要也罢

*01*

昨天，七喜在后台收到一位粉丝留言。她说，分手两年了，一个星期之前，前男友突然联系自己，刚开始还比较客气，但客气里又夹杂着一些暧昧。

譬如，他说"没有我在你身边，你能照顾好自己吗""我总担心你太单纯，被人骗""要是有什么难处，尽管跟我说，我帮你解决"。

粉丝说，她很疑惑，不知道对方是什么意思。

关键是，昨天夜里 12 点，前男友还给她发了 520 的红包。顺便还给她普及了一下知识：元宵节又叫上元节，元宵夜会有猜灯谜、赏花灯等活动，是古时候情人相见的日子。

读者问我："他是不是想复合？"

其实，前任想不想复合，根本不重要。重要的是，你想不想?

*02*

　　这个粉丝遇到的问题，说白了，是一个分手后还想吃回头草的故事。

　　其实，她已经感应到了，对方在做出一些举动，推进关系的发展。但是曾经破裂过的关系，重新修复又要有多大的勇气与诚意？

　　很多人，在分手时，干脆决绝得不留余地，主动离开，主动退出，以一个胜利者的姿态，追逐远方的风景。

　　但他们又在翻过几座山，到达另一个远方时，怀念着已经变成远方的曾经。于是过去的她变成白月光，眼前的她变成白饭粒。

　　于是，继续玩着猫捉老鼠的游戏。在各种社交平台上，一副痴心绝对的样子，撩着容易心软的女生，撩着对你还心存爱意的人。

　　爱就爱了，不爱也别强装。真想问一句："有本事离开，怎么没本事忍受一个人的寂寞？"

　　七喜知道，很多人都说，分手后要潇洒，再爱也不回头。但是，当那个人来找你，你还是会没有出息跟他走。

　　只要爱过的人，心里的反复和舍不得，多少是有的。有的是忍不了出轨，有的是忍不了被抛弃，有的是忍不了家暴和不上进。

　　不管是什么问题，其实都一样，别装清高，我们都曾在爱情里，睁一只眼，闭一只眼。

纠结是一样，结果却是不一样的。区别在于，你让自己纠结多长时间，有没有翻篇过去的那一天，你到底是想走出来，还是想沉进去？

有句话说得很对，有的时候，女人需要一个男人就像投机者需要一个跳伞，最重要的时候你不在，以后你也不必在了。

让你受伤的人，怎么帮你疗伤？

分手后的假情深，不要也罢。

03

仔细想想，真的爱你，怎么会把你置于一个尴尬的境地，想撩就撩，撩完了就走呢？

好的爱人，是照顾你的感受，在乎你的想法，不会对你呼之即来，挥之即去；更不会跟你谈恋爱时，想着别人的好，留你猜忌怀疑。

就算是分手，也要体体面面。不轻易唐突，不轻易重蹈覆辙。而那些分手后，还阴魂不散，打着为你好的名义，却处处只为自己打算的人，这么多年，他想做什么，谁心里还没点数吗？

网易云里有热评：评论里多的是痴情人，现实生活中却到处是负心人。既然已经转身，又何必假装情深。

分了手的献殷勤，就像冬天的蒲扇，夏天的火炉，多余。说好听了，叫打扰，说不好听了，叫骚扰。

## 愿所有的"我爱你"，不仅仅是说说而已！

01

情人节来临时，有网友发出段子：

大家不要惊慌，刮风下雨电闪雷劈，是正常的，因为520要来了，可能是发誓的人太多，老天看不过去了……

其实，玩笑归玩笑，说到誓言，尤其是爱情里的誓言，是非常经不起推敲的东西。

比如，很多说着永远在一起的，也没逃过毕业就分手的怪圈；

很多承诺着奋斗几年就结婚的，最后却逐渐分道扬镳；

很多当初信誓旦旦地说"我爱你"，最后都变成了"对不起"。

当初那么诚挚，那么热烈的感情，都在没有实现的诺言里，变成了一堆经年累月的灰，一碰就散。

就如《东邪西毒》里写的，誓言这个东西无法衡量，它只能证明，在说出来的那一刻，彼此真诚过。

## 02

誓言这件事，具有两面性。做到了，就是爱的证明，没做到，那就是骗子。小雅和男朋友是青梅竹马，多年的感情基础，让他们的相处模式直逼婚姻而去。

小雅记得男朋友的鞋和衣服的尺码，他喜欢吃的东西，他喜欢买的服饰品牌，他的消费水平。他愿意坐在一个桌上吃饭的朋友有哪些？他能谈心借钱的朋友是谁？他跟哪类人能成为朋友，哪类他是看不起的？

他的优点和缺点，他的自信和恐慌，他说过的每句承诺与伤害的话语。

关于男朋友的一切，五年时间，小雅都了解了，也都记在心里，于是所有的关心都是从生活出发。

可即便是这样的熟悉与了解，小雅与他最后还是分开了。不是他不优秀，也不是他变心了，而是太多未实现的承诺积压在小雅心里，日积月累，一开始只是浅浅的落差，慢慢变成深深的失望，再变成沉重的怨恨。

小雅受不了那个越来越暴躁的自己，也受不了那个一副无辜与幼稚表情的男生，终于在心里和他说了再见。

*03*

　　小雅的故事虽然漫长，却并不复杂：承诺太多，行动太少。

　　有时候，一段感情走向终结，未必一定是出轨、现实、父母反对等各种世界性难题，也可能什么都没有，只是两个人之间的相处出了问题。

　　就如电影《失恋33天》里，女主打电话挽回前男友时，对方说的一句话：我们不是一不小心走到这一步的，每次吵架你都趾高气扬，不肯下来，我受不了，我仰视得脖子都要断了。

　　如果不失去，很多人真的学不会长大。就好像，有些人明明有读书的潜质，却在高考失败后，突然被甩下，才痛定思痛去复读。

　　可是，人生能重来的事情，除了高考，也没有多少了。

　　就如感情，经得起等待，经得起磨合，经得起风浪，经得起检验，却经不起消耗和浪费。

　　真心就像一块橡皮擦，有人的橡皮擦大，能擦得久一点，有人的橡皮擦小，擦得时间短一点。

　　可是，他们有一个共性：如果一个人一直犯错，另一个人一直擦，总有一天，真心全部变成一地的心碎。

　　到那时，即便是当初再美好的过往，再动人的承诺，再真诚的心意，也于事无补了。